第1章

タヌキも歩く山の手お屋敷町めぐり

東京の西側に広がる「山の手」は、高級住宅街やオフィスビル、商業ビルが立ち並ぶエリアです。そんな山の手で、タヌキを多数目撃!?　さらに23区でも珍しいカワセミやモグラまで！　大都市に野生の生き物がいるのはなぜ？　その秘密は、大名屋敷にありました。アクセスしやすい新宿御苑で大名屋敷跡地の魅力を味わったら、新宿・豊島・文京区にまたがるタヌキ・ロードを歩いてみましょう。

肥後細川庭園

この章に登場する生き物

タヌキ

カワセミ

アズマモグラ

オナガアゲハ

ショウジョウトンボ

ヒガシニホントカゲ

ノコギリクワガタ

サワガニ

ハシブトガラス

トウキョウダルマガエル

トウキョウヒメハンミョウ

ハクビシン

アオスジアゲハ
ウラギンシジミ
サトキマダラヒカゲ
クロアゲハ
ナミアゲハ
アカボシゴマダラ
ニホンミツバチ
ギンヤンマ
アキアカネ
コシアキトンボ

イナゴ
コアオハナムグリ
カナブン
トウキョウトラカミキリ
トウキョウコシビロダンゴムシ
トウキョウサンショウウオ
ニホンアマガエル
アズマヒキガエル
ヒバカリ
アオダイショウ

クサガメ
ニホンイシガメ
スッポン
ミシシッピアカミミガメ
モツゴ
カワウ
アオサギ
コサギ
ワカケホンセイインコ
トウキョウトガリネズミ

入門コース
新宿御苑

世界最大級の駅近くの巨大庭園で希少種発見!!

新宿駅から歩いてわずか10分で行ける新宿御苑《ぎょえん》は、高層《こうそう》ビル群に囲まれた庭園です。ビジネス街とは思えないほど、豊かな緑が広がっています。

だれでも入れる旧大名屋敷《やしき》のなかでは最大級で、その面積は58・3ha、平均的な小学校の校庭75個分にあたります。

この広大な庭園には、ニホンミツバチやヒガシニホントカゲなど、新宿では珍《めずら》しい生き物がいます。

そんな新宿御苑がどうやってつくられ、生き物がすみついていったのかを見ていきましょう。

江戸最大級の敷地を決めた意外な方法とは？

新宿御苑一帯は、江戸時代には信州高遠藩内藤家《しんしゅうたかとおはんないとうけ》の下《しも》屋敷。他の大名と比べても、とてつもない広さがありました。雑木林や草原、畑がつづく武蔵野《むさしの》の一部ともいえる台地で、当時は江戸の街外れにあたります。

内藤清成《ないとうきよなり》は長年の功労と江戸城西門警固《けいご》の功績を認《みと》められ、この土地を与《あた》えられました。そのとき、徳川家康《とくがわいえやす》から「馬が一息で走れるだけの土地を与えよう」と約束されたそうです。そこで、一頭の駿《しゅん》馬《め》を駆《か》ってこの土地を得ることが

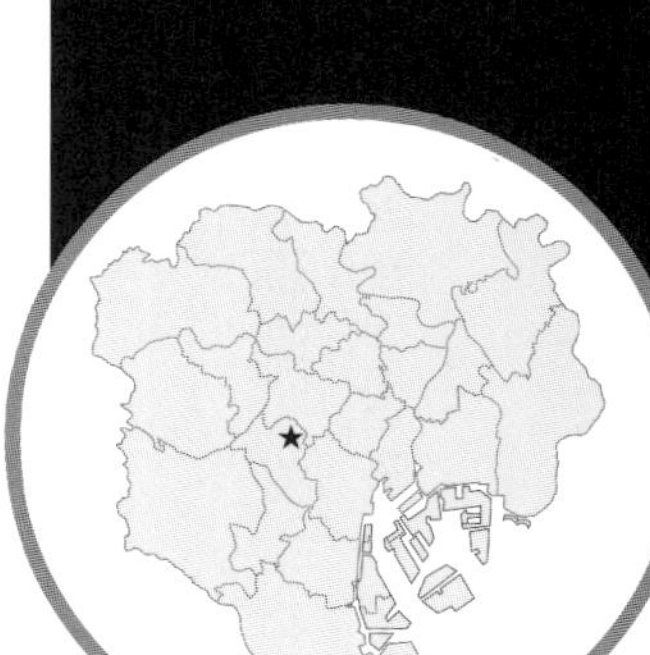

新宿御苑の敷地
藩主の内藤清成に当初、与えられた敷地は、現在よりもはるかに広く、いまの四谷、大久保、千駄ヶ谷、代々木一帯を含んでいた。

できたと伝えられています。多武《とうの》峯内藤《みねないとう》神社（新宿区内藤町《ないとうまち》）境内《けいだい》には、その馬を祀《まつ》った「駿馬塚《しゅんめづか》」の石碑《せきひ》があります。

大名屋敷なのにバラ花壇？

現在の新宿御苑は、西洋庭園が大きな面積を占《し》めています。熱帯の植物が茂《しげ》る大温室や、文化財になった洋館まであります。「旧大名屋敷の庭園」のイメージで行くとびっくりするかもしれません。

これには新宿御苑のユニークな成り立ちが関わっています。明治の初めに内藤家から国に上納《じょうのう》された土地には、農業の振興《しんこう》を目的にした「内藤新宿試験場」が置かれていたのです。欧米《おうべい》の野菜や果物、

新宿御苑

●東京都新宿区内藤町11
開園／9:00-16:00（16:30閉園）
料金／一般200円／小・中学生50円／幼児無料
☎ 03-3350-0151（新宿御苑サービスセンター）
最寄駅／
新宿門：JR新宿駅南口から徒歩10分・地下鉄新宿三丁目駅・新宿御苑前駅から徒歩5分
大木戸門：地下鉄新宿御苑前駅から徒歩５分
千駄ヶ谷門：JR千駄ヶ谷駅・地下鉄国立競技場駅から徒歩各５分
酒類持込、遊具類使用は禁止。

新宿御苑で見られる他の生き物　ギンヤンマ・ウチワヤンマ・アズマヒキガエル・アオダイショウ

フランス式整形庭園
ヒマラヤシーダーやモミジバスズカケノキなどの大木と芝生、プラタナスの並木やバラの花壇がある。

園芸花卉《かき》、樹木《じゅもく》の栽培《さいばい》研究が行われ、新しい品種を次々《つぎつぎ》に開発。いまも新宿にある高級果実店・高野がはじめて販売《はんばい》したマスクメロンも、試験場からの技術支援《しえん》の賜物《たまもの》なのだそうです。

やがて国内外の高官や外交官を招待するのにふさわしい場にすべく整備をし、１９０６年（明治39年）には皇室《こうしつ》の庭園になりました。「国民公園新宿御苑」として一般《いっぱん》公開されたのは、１９４９年のことです。

そんな歴史があるので、大名屋敷の面影《おもかげ》がある日本庭園にくわえて、自然の景観を模《も》したイギリス風景式庭園、左右対称に整えた植物や池を配したフランス式整形庭園が見られるのです。

アゲハチョウが集まる花のレストラン

一年中さまざまな花が咲く新宿御苑は、蜜《みつ》に集まる生き物を観察するにはもってこい。「中の池」の近くにある「ツツジ山」もその一つ。４、５月にはいろいろな品種のツツジが咲《さ》きます。注目したいのはアゲハチョウの仲間です。

新宿御苑の地図

花のそばで待っているだけで次々と飛んで来るのを観察できます。

木の梢《こずえ》に咲くような小さな花も見逃《みのが》せません。初夏に、房状《ふさじょう》の花をつけるマテバシイや、穂《ほ》のような白い花のネズミモチはチョウやアブ、ハナバチが蜜《みつ》を吸《す》い、コアオハナムグリが花粉を食べにやってくるレストランになります。

日本在来の野生種であるニホンミツバチも訪《おとず》れます。時には園内にある木のうろなどに巣をつくることもあります。

謎の小山をつくったのは？

今度は足元を見てみましょう。芝生《しばふ》のうえに、小さな土の山がいくつもあります。どうやらだれ

右　ツツジに集まるアゲハチョウ
ナミアゲハ（上）やクロアゲハ（下）は、都会でもよく見られる種類。幼虫がミカン科の植物が食樹。どちらもツツジの花に集まるのは春型で、夏に現れる成虫より小型。飛ぶルートが決まっているので、飛び去っても、しばらくすると現れる。

左　ニホンミツバチ
ミツバチ科。体長10～12mm。日本の在来種。よく飼われるセイヨウミツバチに比べ、やや小型で腹の黒い帯が広く、群れの数が少ない。スズメバチに巣が襲われた際は、「蜂球」という集団で相手を包み、熱を発して殺す。

かが土を掘《ほ》り返したようです。

これは、アズマモグラがトンネルを掘った際にできた「モグラ塚《づか》」。大食いのモグラを支えられる、ミミズなどのエサの豊かな生息地が都心には限られているうえに、ビルや道路の舗装《ほそう》でよそへの移動をさえぎられ、孤立《こりつ》している場合が少なくありません。

植込《うえこ》みの根元などの日当たりのよい場所にはヒガシニホントカゲがいます。日本の固有種ですが、東京都心では数が減っていて、東京都の絶滅《ぜつめつ》危《き》惧《ぐ》種《しゅ》に指定されています。

多くの生き物でにぎわう水辺

日本庭園にある池の周辺も観察ポイント。岸辺の石や杭《くい》の上では、カメが日光浴しています。まず目につくのがミシシッピアカミミガメ（別名ミドリガメ）。ついで多いのは、クサガメ。どちらも移入種です（P36）。

在来種であるニホンイシガメやスッポンは、見つかればラッキーに感じるぐらいまで、数が減ってしまいました。

もちろんバードウォッチングにもオススメです。人気のあるカワ

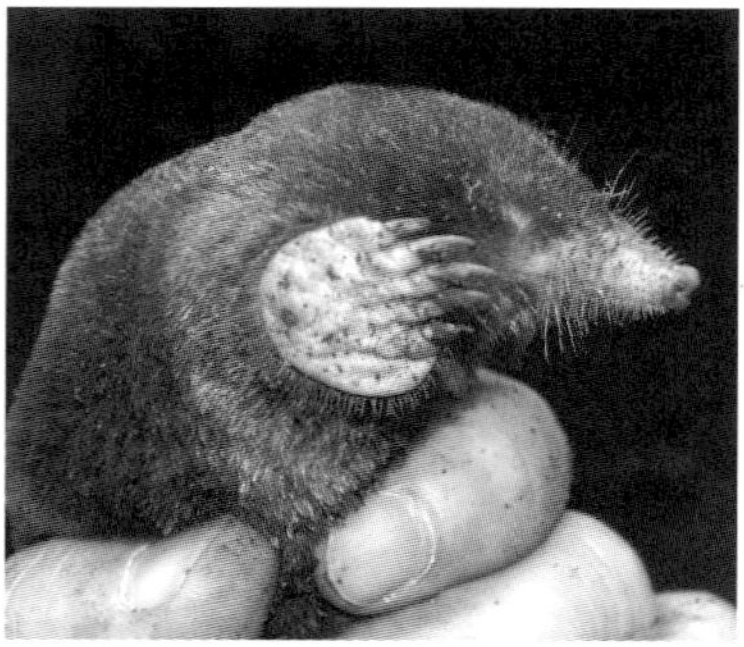

アズマモグラ
モグラ科。体長約12〜16㎝。１日に体重の約半分ものミミズや昆虫を食べる。目は退化している。「日光に当たると死ぬ」というのは迷信。主に東日本に分布、西日本と四国では山地だけにすむ。日本固有種。

ヒガシニホントカゲ
親は全身が鈍く光る黄金色。身の危険を感じると敵の注意をそらすために自分で尾を切り離してしまうので、むやみに捕まえようとするのは禁物。

セミをはじめ、カワウやアオサギといった大きな水鳥も目立ちます。冬には多くのカモがシベリアから渡来《とらい》。数は少ないもののオシドリのような種類も観察できます。

　春から秋にかけては多くのトンボでにぎわいます。多いのはシオカラトンボのような、人工池やプールでも繁殖《はんしょく》できるほど都市化に適応した種類。しかし、コシアキトンボやショウジョウトンボなどの、水草が生えるような自然が残った水辺を好む種類も見られます。

受け継がれてきた新宿御苑の価値

　新宿御苑は、都市の庭園としての手入れが行き届《とど》いている部分が多いわりに、昆虫《こんちゅう》や爬虫類《はちゅうるい》に合った環境《かんきょう》がよく保たれています。また、武蔵野の雑木林を再現した「母と子の森」のエリアでは、まだ見つかっていない種類や、新たにすみつく種類が増えると予想できるでしょう。

　さらには、近くにある明治神宮や赤坂御所《ごしょ》とのあいだを、生き物が移動する際の中継地《ちゅうけいち》としても重要な存在《そんざい》といえます。

　新宿御苑の自然はそこにすむ生き物とともに、長い歴史のなかで受け継がれてきました。日本人はもちろん世界中から訪れる人々《ひとびと》にとっても、日本の自然に手軽に接することができる場なのです。

上　コシアキトンボ
トンボ科。体長40〜49mm。5〜10月に現れる。腰の部分が白く空いたように見えるのが名の由来。水の汚れには強いが近くに林のある環境を好む。本州〜琉球に分布。

下　ショウジョウトンボ
トンボ科。体長41〜53mm。4〜10月に発生。全身が真っ赤になる。「ショウジョウ」とは空想上の赤い怪物。水草のある池でないと幼虫が生息できない。北海道南部〜九州に分布。

解説

大名屋敷はタイムカプセル

歌川広重「東都名所　駿河町之図」（国立国会図書館蔵）
商人と庶民が行き交うにぎやかな町並み。

江戸はお屋敷町だった!?

江戸というと、どんな町並《まちな》みを想像するでしょう? 大河ドラマで描《えが》かれるような、にぎやかな商人や庶民《しょみん》の町を思い浮《う》かべるかもしれません。でも、それはごく一部のことでした。

じつは江戸の町の70%は、大名屋敷だったのです。

そのなかには150年以上の時を経て、現代にも残っているものが少なくありません。そんな大名屋敷の跡地《あとち》は、都会の貴重な緑地として生き物の棲み家になっています。そこにはタヌキやサワガニといった、東京のイメージとはかけ離《はな》れた種類まで見られます。

では大名屋敷とはどんなものだったのか、見てみましょう。

「江戸切絵図　外桜田永田町絵図」
（国立国会図書館蔵）
現在の日比谷公園から地下鉄麹町駅にかけて。大名屋敷がほとんどを占めていた。マークは大名の家紋。

全国300の藩が江戸に大集合!!

大名屋敷は、正式には「江戸藩《はん》邸《てい》」と呼ばれます。日本の各地を治めていた藩主《はんしゅ》＝大名が、参勤《さんきん》交代のために一年おきに暮らしたり、妻子を住まわせたりした邸宅《ていたく》です。幕府《ばくふ》との連絡《れんらく》をとるための江戸出張所としての役割もあり、藩によっては数千人の武士が住んでいました。

全国にあった藩の数は約300。それぞれの藩が役割や江戸城《えどじょう》との距離などにより、上《かみ》屋敷・中《なか》屋敷・下《しも》屋敷と、複数の藩邸をおいていたので、その数もたいへん多かったのです。

屋敷の広さは大名の石高《こくだか》（米の生産力）によって決まっていました。1〜2万石クラスだと、2500坪《つぼ》ほど（小学校の運動場の全国平均よりやや広い）。10〜15万石クラスになると7000坪ほどといわれています。なかには加賀《かが》藩や高遠《たかとお》藩のように10万坪にもおよぶ屋敷すらありました。さらに幕府直属の武士である旗本や御家《ごけ》人《にん》などの屋敷も含めると、いかに大きな面積を占めていたかが想像できます。

街をうるおす人工の自然

大名屋敷には、幕府の要人や将《しょう》軍《ぐん》も訪《おとず》れることがあったので、接待のための施設《しせつ》や庭園が整えられていました。その設計コンセプトは自然のエッセンスの再現。水を引き込んだ池や流れを中心に、ツ

ベアト「三田綱坂付近　島原藩松平家下屋敷」
（放送大学附属図書館蔵）
「深い堀、緑の堤防、大名の邸宅、広い街路などに囲まれている。樹木で縁どられた静かな道や常緑樹の生垣などの美しさは、世界のどの都市も及ばないだろう」幕末に江戸を訪れたイギリス人植物学者のロバート・フォーチュンの言葉。

ツジをはじめとする大小の灌木《かんぼく》や、枝ぶりの良いマツを配し、大きく茂《しげ》った常緑樹《じょうりょくじゅ》によって周囲と隔離《かくり》。江戸の街中とは思えない空間を生み出しています。

　敷地《しきち》の外から眺《なが》めるだけでも、江戸の景観にうるおいを与《あた》えていたようです。

「山の手」「下町」名前の由来は？

　大名屋敷の多くがあった地域が「山の手」です。

　江戸＝東京の地形は二つの種類に分かれています。墨田区《すみだく》や江東《こうとう》区、中央区といった東半分が川沿《かわぞ》いの低地である「下町」。一方、JR京浜《けいひん》東北線の赤羽〜品川駅間を境にした西側が「山の手」と呼ばれる台地です。山の手と下町の高低差は20mもあります。

　JRの環状線《かんじょうせん》である「山手線」の名前の由来も、主にこの地域を走っているため。とくに田端《たばた》〜上野駅間では台地の縁にあたる崖《がけ》の下を通っているので、西側にあたる車窓《しゃそう》からは、景色がほぼ見えません。

京浜東北線王子駅から見える、山の手と下町の境界線。

　この台地は、火山灰《かざんばい》が元になった「関東ローム層《そう》」でできています。10万年以上前から噴火《ふんか》をくり返していた富士山や箱根火山の火山灰が20m以上の厚さに降《ふ》り積もったのです。50kmも西にある関東山地までつづくほど広く、「武蔵《むさし》

東京区部の地図
色の濃くなっている部分が、平野部よりも標高の高い場所。山手線内はほぼ全域にわたって台地の上に位置している。

野《の》」という名でも知られています。

山の手は武蔵野台地の末端《まったん》。神田川や目黒川といった中小の川によって谷が削《けず》られて、いくつも枝分かれしているのが特徴です。上野公園や御茶《おちゃ》ノ水《みず》から北につづく「本郷台《ほんごうだい》」や、皇居から四ツ谷や六本木を経て、渋谷、新宿にかけての「淀橋台《よどばしだい》」などを歩いてみましょう。驚くほどアップダウンが多い、複雑な地形であることに気づくと思います。

なぜ山の手に大名屋敷が多い？

大名屋敷が山の手に多かった理由の一つは、江戸城の防衛と深く関係していました。高台や谷のある地形は攻《せ》めるのが難《むずか》しく守りやすいのです。江戸城が築かれていたのも、浅い海とヨシ原が広がる「日比谷入り江」に突き出した岬《みさき》状《じょう》の台地。

さらに水戸、尾張《おわり》、紀州といった幕府の親戚筋《しんせきすじ》である親藩《しんぱん》や、関《せき》ケ原《がはら》の合戦以前から従《したが》っていた譜《ふ》代《だい》大名の屋敷を、江戸城周辺《しゅうへん》や台地上を通る交通の要衝《ようしょう》に重点的に配置して守りを固めています。

一方で、薩摩《さつま》藩のように、江戸時代以前には豊臣方だったため、外様大名として警戒《けいかい》されていた大名の屋敷は、東海道《とうかいどう》沿いの低地や品川のような街外れにおかれることが多かったようです。

また、山の手が水の便にも恵《めぐ》まれていたことも、大名屋敷が多い理由です。武蔵野台地自体は川や湧き水が少なく、井戸《いど》も深く掘らなければならないため、住むのにも農業にも適していません。しかしその末端にある山の手は、傾斜《けいしゃ》地に沿って湧き水が豊かでした。飲み水や生活用水はもちろん、庭園の池に水を引くのにも都合がよかったのです。

現在も残る主な大名屋敷跡一覧と地図

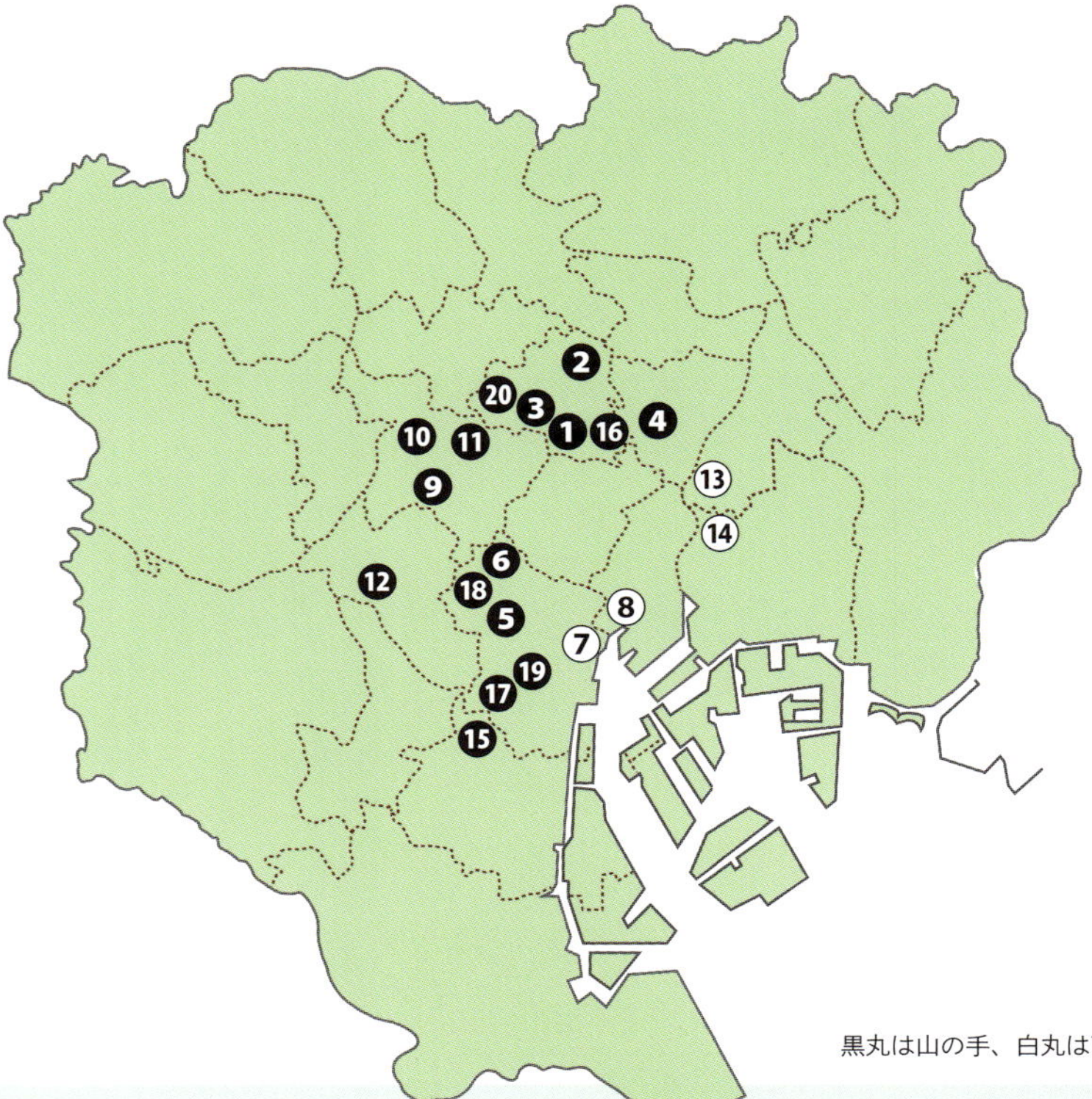

黒丸は山の手、白丸は下町

公園

❶小石川後楽園・水戸藩徳川家・文京区後楽　❷六義園・郡山藩柳沢家・文京区本駒込　❸肥後細川庭園・熊本藩細川家・文京区目白台　❹旧岩崎邸庭園・高田藩榊原家・台東区池之端　❺有栖川宮記念公園・盛岡藩南部家・港区南麻布　❻迎賓館・紀州藩徳川家・港区元赤坂　⑦旧芝離宮恩賜庭園・紀州藩徳川家・港区海岸　⑧浜離宮恩賜庭園・徳川家別邸・中央区浜離宮庭園　❾新宿御苑・高遠藩内藤家・新宿区内藤町　❿戸山公園・尾張藩徳川家・新宿区戸山　⓫甘泉園公園・徳川御三卿清水家・新宿区西早稲田　⓬鍋島松濤公園・紀州藩徳川家 - 旗本長谷川家・渋谷区松濤　⑬旧安田庭園・宮津藩本庄松平家・墨田区横網　⑭清澄庭園・下総関宿藩久世家・江東区清澄　⓯池田山公園・岡山藩池田家・品川区東五反田

大学・教育施設

⓰東京大学本郷キャンパス・水戸藩徳川家 - 加賀藩前田家・文京区本郷
⓱国立科学博物館附属自然教育園・高松藩松平家・港区白金台

美術館

⓲根津美術館・高鍋藩秋月家・港区南青山

宴会施設

⓳八芳園・薩摩藩島津家・港区白金台　⓴椿山荘・久留里藩黒田家・文京区関口

明治になると人口が20万人も激減!?

大名屋敷の多くは、徳川幕府から与えられた土地なので、明治になると廃止《はいし》されました。大名はもちろん、居住していた武士も領地に帰ってしまい空き家になったものも少なくありません。明治初頭には江戸の人口が20万人も減ったという説もあります。

なかには荒《あ》れ果てて自然が復活した跡地もあり、現在の東京都心にあたる麹町《こうじまち》（千代田区）でも、明治の中頃《なかごろ》まではキツネ、タヌキ、ノウサギが見られたそうです。

明治以降《いこう》には、華族《かぞく》となった元大名が住みつづけたもの以外は国に返還《へんかん》されて、皇室《こうしつ》の御用地《ごようち》や官《かん》庁《ちょう》などの公共施設に姿を変えていきます。伊藤博文《いとうひろぶみ》や西郷隆盛《さいごうたかもり》といった明治の元勲《げんくん》や、岩崎弥太郎《いわさきやたろう》のような実業家に売却《ばいきゃく》され、彼らの邸宅になった例もあります。

大名屋敷は生き物のタイムカプセル

しかし丹精《たんせい》こめて造られ管理されてきた美しい庭園の多くは、失われるのを惜《お》しまれ残されてきました。明治維新《いしん》後《ご》１５０年が過ぎても、いまだに大名屋敷の面影《おもかげ》をとどめているのは、こうした庭園です。かつては一般人《いっぱんじん》が入れなかった場所も、現在では公園、大学構内の緑地、教育施設や美術館、宴会施設の庭園などとして利用できるようになっています。

東京にとって、大名屋敷の跡地の価値《かち》ははかりしれません。世界の大都市のなかでも、東京の人口一人あたりの公園面積は狭《せま》く、２０１２年前後の統計によるとロンドンやニューヨークの４分の１程度。それでも海外からの旅行者にとって緑が豊かな街と感じるのは、ビル街にも点在している、こうした庭園のおかげといえます。

さらに大きいのは、生き物の生息地としての価値です。庭園にある池や林には、さまざまな生き物が集まってきます。旧大名屋敷は歴史的な文化遺産《いさん》というだけではなく、生き物にとってのタイムカプセル。東京に自然を取り戻《もど》していくための拠点《きょてん》として、たいへん貴重なものなのです。

これから、このガイドで追いかけてみましょう。

コラム

大名屋敷から カラスが出勤

ハシブトガラス

新宿御苑《ぎょえん》でいちばん目につく生き物といえばカラス。木の梢《こずえ》で鳴き交わしていたかと思うと、群れでいっせいに飛びたつさまに、恐怖《きょうふ》すら感じるかもしれません。街角のゴミ袋を破いて中身を散らかすなど、迷惑《めいわく》に思う人も多いでしょう。

しかし彼らもれっきとした野鳥。とくに東京でよく見られるハシブトガラスは英語でJungle crow（ジャングルのカラス）と呼ばれます。その名のとおり、もともとは熱帯の深林で、動物の死体をエサにする自然界の掃除《そうじ》屋でした。

高い枝から下界を見下ろし、エサを漁っては木のうろなどにため込むのは本来の習性。高いビルの並《なら》ぶ東京も、カラスにとってはジャングルと同じようなものなのです。

さらに旧大名屋敷《やしき》には大木も多いので、ねぐらにしたり巣を作って子育てをしたりするのに最適。ハシブトガラスの都内のねぐらとして知られる六義《りくぎ》園《えん》（文京区　地図上の①）、小石川植物園（文京区　②）、浜離宮《はまりきゅう》（中央区　③）、自然教育園（港区　④）が、どれも大名屋敷だったのは偶然《ぐうぜん》ではありません。

なかでも明治神宮（渋谷区　⑤）は都内最大のねぐらです。ここだけで約1万羽もいたことがあったそうです。現在ではその数は減りつつあ

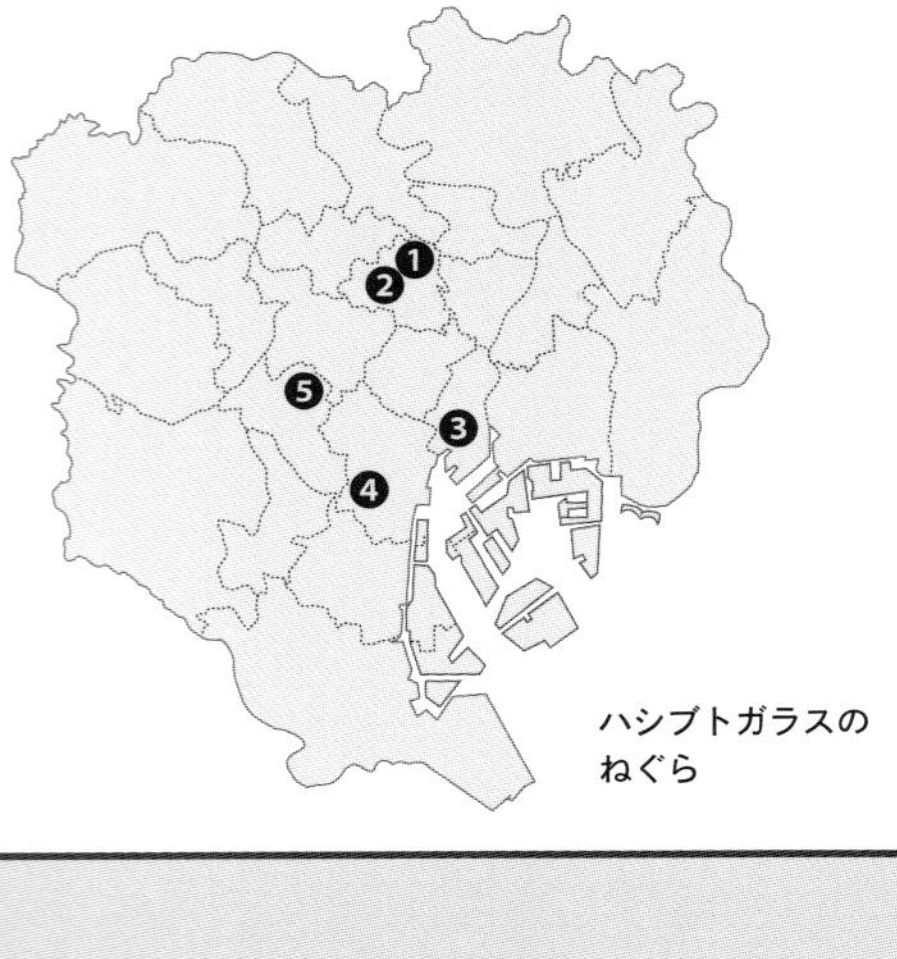

ハシブトガラスのねぐら

り、時には猛禽《もうきん》類のオオタカの餌食《えじき》にもなっています。

　ねぐらから近い渋谷、新宿、池袋《いけぶくろ》といった繁華街《はんかがい》は、エサ場として実に魅力的《みりょくてき》。飲食店のゴミ袋が、森に転がっているエサと同じに見えるのでしょう。破いて中身を散らかし食べ漁るのも、自然界で獲物《えもの》を解体しているようなもの。彼らは、分解者という役割《やくわり》をせっせと果たしているのです。

　カラスは学習能力が高く、好都合な時間を覚えています。朝の決まった時間にねぐらを出て繁華街へ通う姿《すがた》は、まるで人間が職場へと出勤《しゅっきん》しているかのよう。昼食時間が終わると、マナーの悪い通行人が道端《みちばた》に捨《す》てていくゴミの量が増えることも知っているらしく、決まって午後2時ごろから活動をはじめるほどです。

　現在、東京のハシブトガラスの数は推定《すいてい》で1万前後。野鳥としては飛び抜《ぬ》けた数のように思えます。しかし、１３００万人もいる都民が出す生ゴミの量を考えると、生態系《せいたいけい》に占《し》める掃除屋の数としては多すぎるとはいえません。

　カラスには、人間以外にとっても困《こま》った点があります。カラスは掃除屋であると同時に、小動物を捕らえるハンター。都市のわずかな緑地に暮らしている生き物が、その影響を受けているのです。

　たとえば、カラスと同じ森にすむヒキガエルが捕食《ほしょく》され、都心では貴《き》重《ちょう》な繁殖集団が絶滅した例もあります。新宿御苑でも、カメが岸辺の土に産んだ卵を、カラスが掘り出して食べているのを観察したことがあります。

　東京のカラスを一方的に厄介者扱《やっかいものあつか》いするのではなく、都市に残された自然の生態系の一部として、バランスのとれた状態に保てるかどうかは、ゴミの処理《しょり》を含めた人間の活動に大きく左右されるのです。

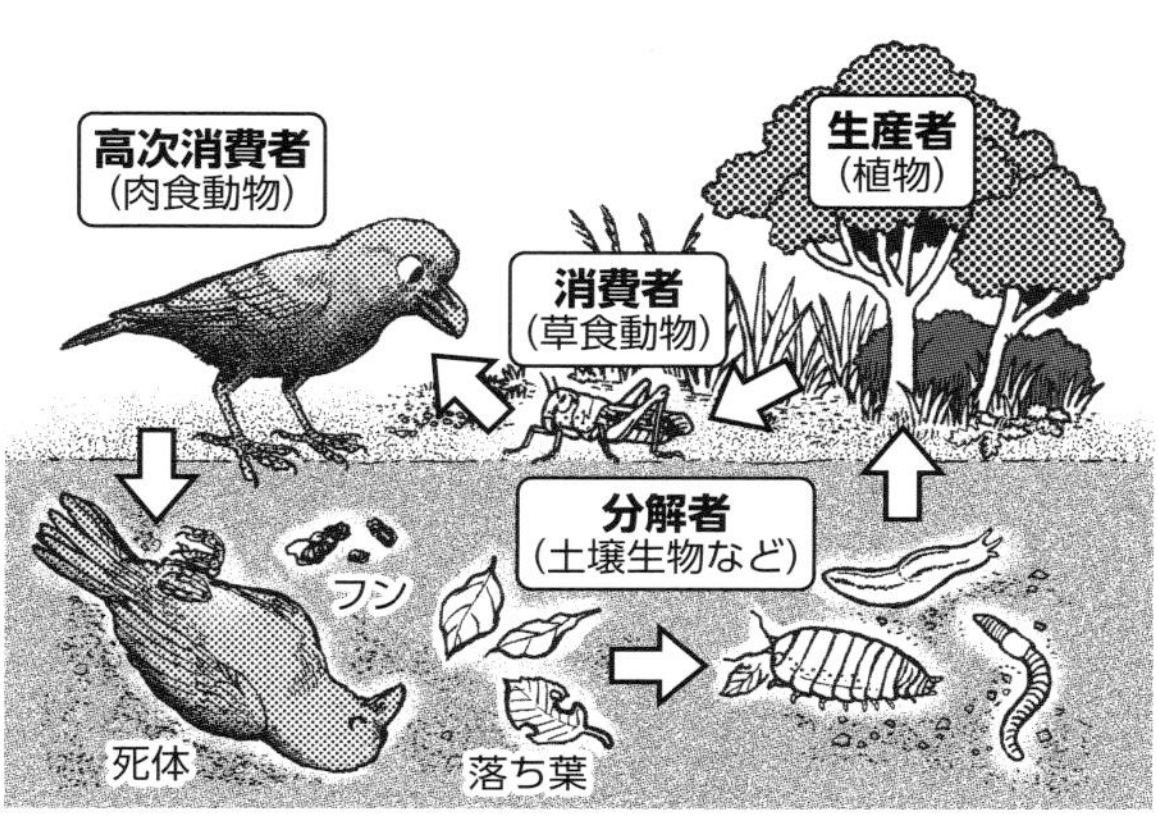

食物連鎖
都心でも、こうした生態系のサイクルはもちろん存在している。

「東京」の名前がついた生き物

トウキョウダルマガエル

ご当地の名前がついた生き物といえば、イリオモテヤマネコ（沖縄《おきなわ》県《けん》・西表島《いりおもてじま》）やヤンバルクイナ（沖縄県・山原《やんばる》）がいます。でも、「トウキョウ」の名前をもつ生き物も意外と多いのです。

最もなじみ深い種類といえば、**トウキョウダルマガエル**。ただ「そんなカエルは見たことも聞いたこともない」という反応も多いようです。

実はこのカエル、東京近辺では「トノサマガエル」と呼ばれていました。本当のトノサマガエルは、仙《せん》台《だい》平野から関東地方には分布していません。この2種類、外見はよく似ていますが、トノサマガエルには、より後脚《こうきゃく》が長い、オスは繁殖期《はんしょくき》に黄金色になるといった特徴《とくちょう》があります。

トノサマガエルが東アジアに広く分布するのに対して、トウキョウダルマガエルは日本の固有種。大陸と日本がつながっていた時代に渡ってきた前者が、もともとすんでいた後者の生息域《せいそくいき》に勢力を伸《の》ばしてきたとも考えられています。

両生類では、**トウキョウサンショウウオ**も知られています。有名なオオサンショウウオよりはるかに小さく10㎝ほど。東京西部の西多摩郡《にしたまぐん》多西村（現在のあきる野市）で発見されました。

生息地は、丘陵《きゅうりょう》の雑木林と谷間に谷戸田《やとだ》があるような「里山」。山の手にはすんでいません。春になると水たまりで、クロワッサンのような形をしたゼリー状の袋《ふくろ》に入った卵を産みます。開発や水場の乾燥《かんそう》化で、絶滅が心配される種類です。

トウキョウサンショウウオ

庭や公園でも見かけることがあるのは**トウキョウヒメハンミョウ**。7〜8月ごろに現れる、体長10㎜にも満たない地味な色をした甲虫《こうちゅう》。近づくと、短い距離《きょり》だけ飛んで逃げます。

こんなに小さくても、じつは肉食。幼虫も裸地《らち》に穴《あな》を掘《ほ》って潜《ひそ》み、通りかかったアリなどを捕《と》らえます。

分布域《ぶんぷいき》が東京の周辺と九州の一部に限られていることから、人間によってもちこまれた移入種ではないかとも考えられています。

トウキョウヒメハンミョウ

トウキョウトラカミキリはかなりレアな昆虫です。10㎜前後と小型で、灰色《はいいろ》に黒いしま模様《もよう》という地味な装《よそお》いのうえ、都内では山地や丘陵地のみに生息。春にだけ現れて、カエデのような花や伐採《ばっさい》された広葉樹《こうようじゅ》の材に集まります。見つけたら、上級の昆虫好きといえるでしょう。

トウキョウトラカミキリ

危険《きけん》を感じると体を丸め、ボール状になることで有名なダンゴムシ。都会で見られるのは、ほぼ移入種のオカダンゴムシです。日本在来種の**トウキョウコシビロダンゴムシ**は、落ち葉が厚くつもって湿度《しつど》が高い、自然が豊かな森林でしか見ることができません。

トウキョウコシビロダンゴムシ

世界最小の哺乳類《ほにゅうるい》として有名な**トウキョウトガリネズミ**は勘違《かんちが》いによって長らく正体不明だった動物。1905年に「東京」で採集されたものをもとに、新種として記載・発表されました。しかし再発見されることなく50年が経過。よく調べてみると、標本に添付《てんぷ》されているラベルに「Yezo（蝦夷《えぞ》＝現在の北海道）」を、「Yedo（江戸＝東京）」と間違《まちが》えて記入していたことが判明しました。その後、本来の採集地である北海道での生息も確認《かくにん》され、一件落着となりましたが、だれがなぜ間違えたのかはナゾのままです。

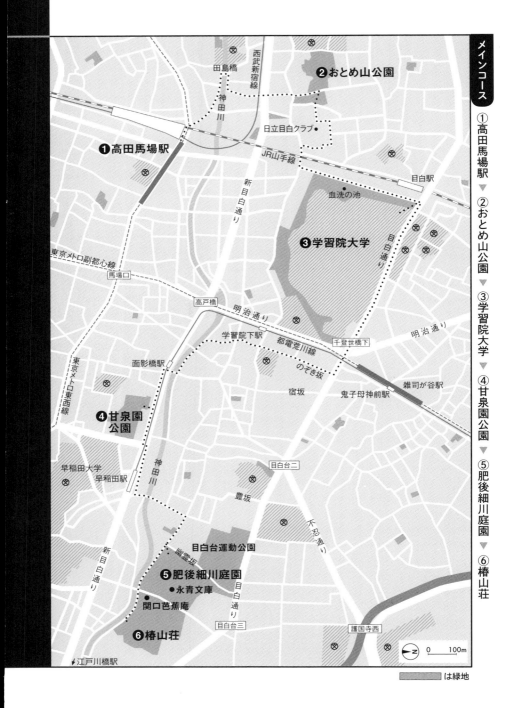

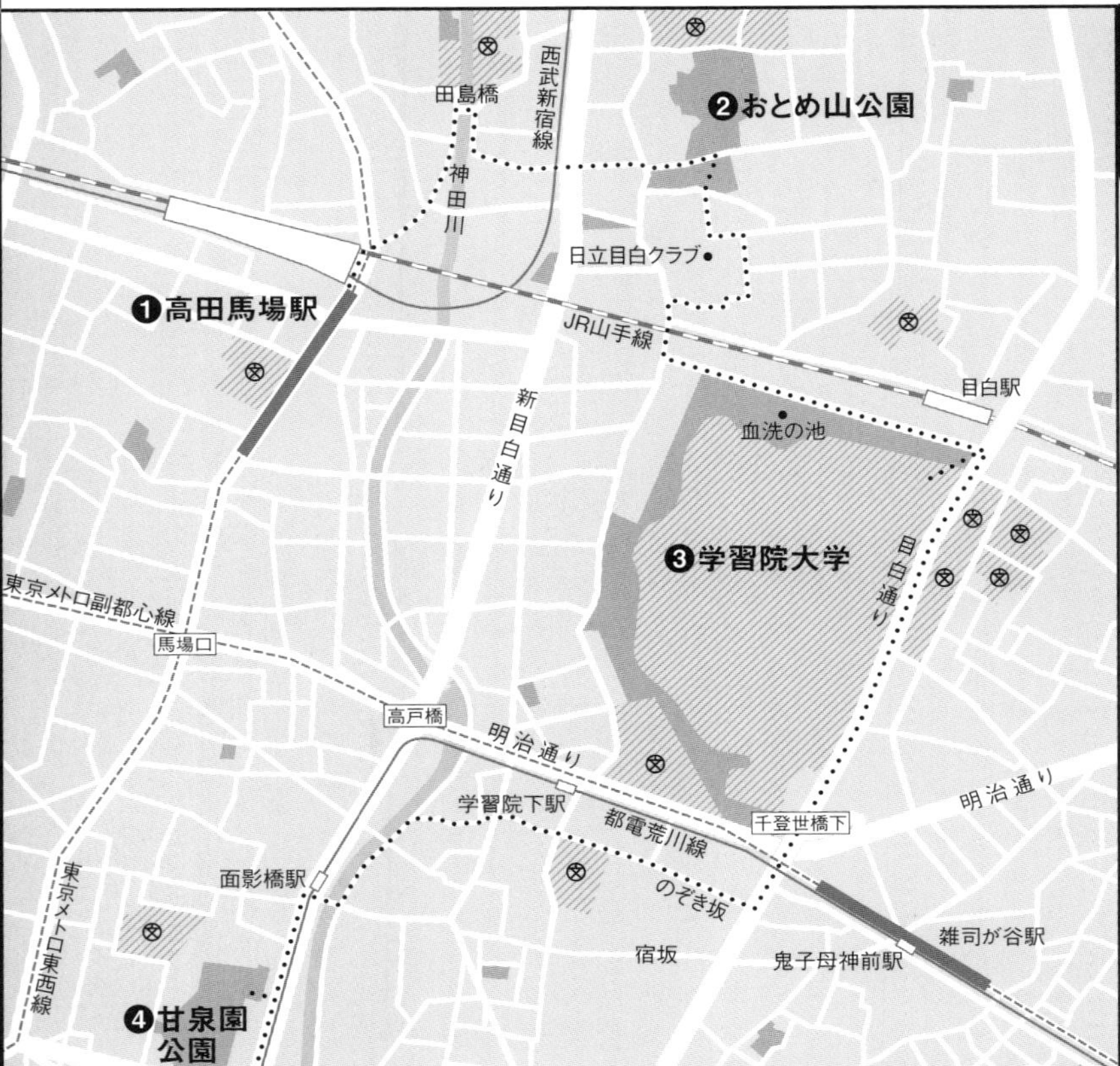

は緑地

メインコース

①高田馬場駅
▼
②おとめ山公園
▼
③学習院大学
▼
④甘泉園公園
▼
⑤肥後細川庭園
▼
⑥椿山荘

メインコース

新宿・目白台

山の手タヌキ・ロードを歩こう！

おとめ山公園から見た高田馬場駅前。

繁華街のすぐ裏に「里山」が!?

1日の利用者が90万人もいる高《たか》田馬《だのば》場《ば》駅。にぎやかな大通り沿いには高い建物がならび、緑はほとんど見えません。

ところが、通りを外れた裏道《うらみち》には、野生の生き物が暮《く》らすオアシスがあります。そこは、なんとタヌキも通る場所なのです。

なぜこのような動物の住める街があるのでしょうか。その秘密《ひみつ》は、大名屋敷《やしき》の跡地《あとち》にかくされています。ここの駅から神田川の北につづく「豊島台」と呼《よ》ばれる台地《だいち》沿いは、大名屋敷が学校や公園に姿《すがた》を変えても、当時のようすが残っているエリアです。散歩や庭園めぐりを楽しみながら生き物を探《さが》してみましょう。

スタートは高田馬場駅。早稲田《わせだ》

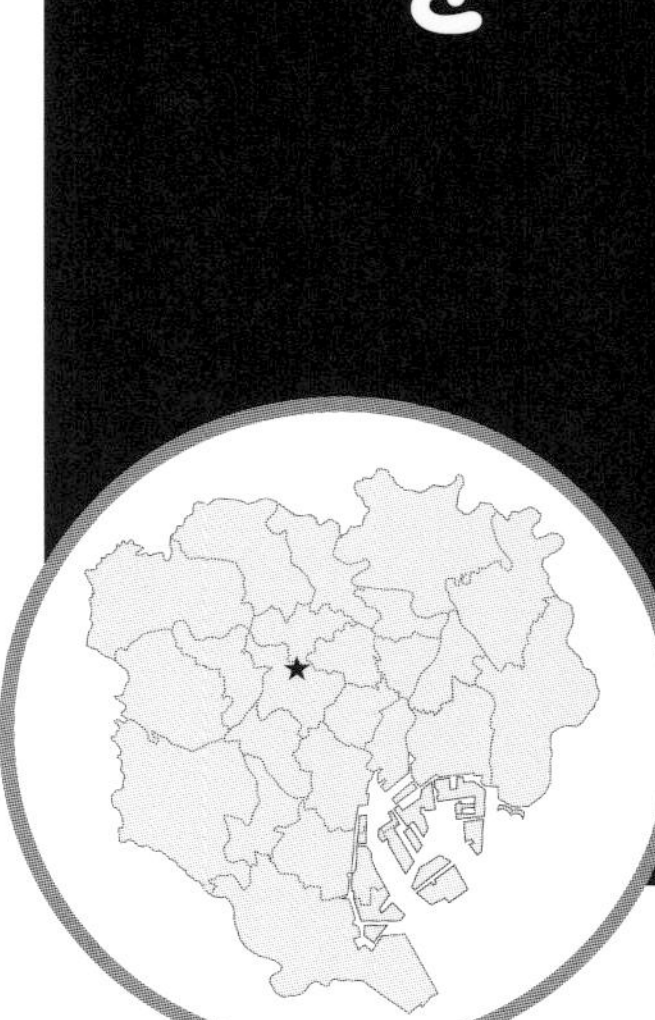

口方面から、「さかえ通り商店街」を抜《ぬ》け、神田川にかかる田島橋へ。ここには「江戸名所図会《えどめいしょずえ》」の解説板があります。絵のおくに見える山が、これからめざす豊島台の台地です。

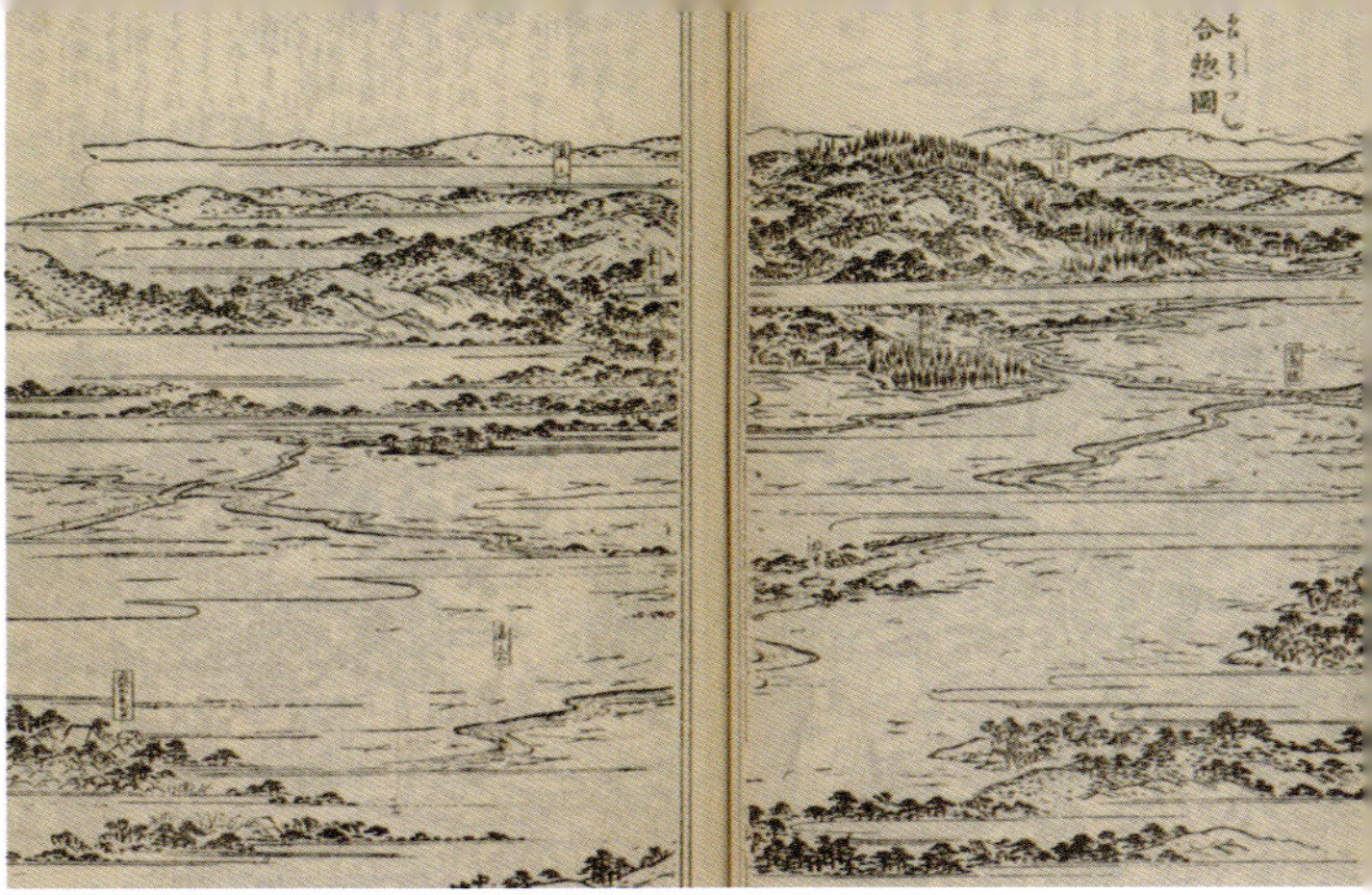

「江戸名所図会　落合惣図」（国立国会図書館蔵）
神田川と妙正寺川が合流するこの一帯は「落合」と呼ばれ、水田が広がっていた。

新目白通りをわたるとビルの向こうに、ようやく緑が見えてきます。最初のスポット「新宿区立おとめ山公園」です。

「おとめ山」という名前は「乙女《おとめ》山」と書くのではありません。ここは、江戸時代には将軍家《しょうぐんけ》の狩《か》りの場でした。一般人《いっぱんじん》は立ち入り禁止。そのため「御留山、御禁止山」と呼ばれたのです。

江戸の「ホタルの名所」にいまも暮らす昆虫

戦後は何十年も放置されていたので、都心には珍《めずら》しいクヌギやコナラの雑木林が残されました。樹《じゅ》液《えき》には、サトキマダラヒカゲのようなチョウや、カナブンなどの甲《こう》

新宿区立おとめ山公園

●東京都新宿区下落合２丁目10
開園／7:00-19:00（４～９月）
　　　7:00-17:00（10～３月）
☎ 03-5273-3914（新宿区みどり土木部みどり公園課）
最寄駅／JR山手線・西武新宿線・地下鉄東西線高田馬場駅から徒歩７分

大正時代に相馬家が邸宅を構え庭園を築いたため、その当時の池や流れがいまも残っている。

おとめ山公園で見られる他の生き物　オニヤンマ・クロアゲハ・センチコガネ・サワガニ・カワセミ

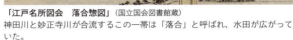

雑木林の樹液には、たくさんの昆虫がやってくる。

虫《ちゅう》が群がります。運がいいとノコギリクワガタに出会えるかもしれません。

江戸時代に有名だったホタルはいなくなってしまいましたが、公園で飼育したものを見学する催《もよお》しがあります。水辺にはアズマヒキガエルも産卵にやってきます。

アズマヒキガエル
ヒキガエル科。体長最大で18㎝。都内では3月ごろに産卵のために浅い水辺に集まり、メスをめぐってオス同士が争う「カエル合戦」を行う。

タヌキ
イヌ科。体長約50〜60㎝。夜間にオスメスのペアで行動することが多い。同じ場所にすむ複数のタヌキが、一カ所に「ため糞」をする。都会では交通事故にあったり、病気になることも少なくない。本州・四国・九州に分布（北海道産は別亜種）。

タヌキもお気に入り？
山の手の住宅物件

公園を中心にしたエリアにはタヌキがすみついています。「東京にタヌキ？」と思うかもしれません。ところが、都心には１０００頭ほどもいるのです。

　タヌキが東京で暮らせる秘密は、その習性にあります。タヌキはもともと、村落と農耕地と雑木林が入りくんだ里山の動物。生活圏《せいかつけん》が人のすぐ近くのうえ雑食性なので、ネズミ、鳥、ミミズといった小動物、セミやカナブンなどの昆虫、カキやギンナンなどの果実、時には人家の残飯まで、何でもエサにできます。

　タヌキも一時は東京から姿を消していました。ただ、夜行性で物《もの》陰《かげ》を移動する彼《かれ》らの消息を正確につかむのは難《むずか》しかったでしょう。夏はイヌと見《み》間《ま》違《ちが》えるほどスマートな姿で、目撃《もくげき》しても気づかなかったかもしれません。人目につかない場所で細々《ほそぼそ》と暮らしていた可能性も大きいのです。

　東京のタヌキにとって、十分な面積をもつ生活環境《かんきょう》はごくわずか。そのため、タヌキたちは点々《てんてん》と残る緑地を行き来して暮らしていると考えられます。とくに旧大名屋敷はぴったりの棲《す》み家《か》。今回の町歩きコースも、急な傾斜《けいしゃ》地が緑地になっていたり、庭木や生垣《いけがき》の多い住宅街《じゅうたくがい》がつづいていたりと、タヌキの移動にはもってこいのルートなのです。

数十年ぶりに
見つかった「幻のチョウ」

台地の高台へ歩いていき、階段《かいだん》を上った先には、白くお洒落《しゃれ》な日立目白クラブの建物が見えます。ここはかつて、皇族《こうぞく》や華族《かぞく》の子どもが通うことで知られた学習院高等科の寄宿舎でした。

　次にめざすは、その学習院大学の森。キャンパス周辺がチョウの通り道になっていて、アオスジアゲハやウラギンシジミが飛んでいます。

　まず訪《たず》ねたいのは、木立の小道を下った先にある「血《ち》洗《あら》いの池」。台地の縁《へり》からの湧《わ》き水がたまってできた池です。不気味な名前ですが、実は学生たちが冗談《じょうだん》交じりでつけた名前で、怪談《かいだん》などはありま

学習院大学で撮影されたタヌキ

タヌキたちのため糞

ミニコラム

TANUKIって、なんですか？

タヌキは地球上で東アジアにしか生息していません。欧米の動物学者にとっては珍獣です。世界にはタヌキを知らない人の方が多いのです。

そのため日本の昔話が初めて海外に紹介された際には、しばしば登場する〝TANUKI〟に翻訳者や挿絵画家が頭を悩ませました。似ても似つかない化け物のように描かれたこともあります。

『アンドルー・ラング世界童話集 ももいろの童話集』〔1904年または1897年〕収録の「かちかち山」の挿絵

せん。

池にはモツゴなどの魚や、ギンヤンマのようなトンボが見られます。都内ではレアなヘビのヒバカリがいるのは、エサが豊富な証拠《しょうこ》でしょう。

池のまわりからつづく斜面《しゃめん》は、長いあいだ手つかずのため、スダジイやコナラの大木が多い緑地。夏の夕方には、23区内では数カ所でしか耳にすることがないヒグラシの声が聞こえてきます。

木陰《こかげ》を飛ぶ黒っぽいアゲハチョウのなかにオナガアゲハを見つけたらとてもラッキー。このチョウは、豊島区では数十年ぶりに生息が確認《かくにん》された種類なのです。

ここでも、タヌキが見つかっています。ギンナンやエノキの実といったエサが豊富なためでしょう。校舎のかげにはたくさんの「ため糞《ふん》」も見つかりました。おとめ山公園と行き来している可能性もあります。

急な坂道が多い「神田川アルプス」

学習院大学から目白通りを江戸川橋方面へ進んで右折します。脇《わき》

学習院大学

●東京都豊島区目白1-5-1
最寄駅／JR山手線「目白」駅から徒歩1分
※入校するには西入口で手続きが必要

学習院大学が、当時の東京府下高田村に移転したのは、1908年（明治41年）。江戸時代には、畑や雑木林の続く農村だった。高台には眺望で名高い富士見茶屋があり、松尾芭蕉が訪れて句を詠んだという。

秋の学園祭では、キャンパスの生き物を調べている生物部の研究発表もある。


学習院大学で見られる他の生き物　オオヤマトンボ・カラスアゲハ・カブトムシ・ヨシノボリ・カワセミ

オナガアゲハ（前ページ）
アゲハチョウ科。開帳90〜110mm。春と夏の二回発生。飛び方はゆるやか。23区内では練馬・世田谷・葛飾など自然が残った地域にのみ生息。北海道〜九州に分布。

カワセミ（右）
カワセミ科。全長約17㎝。水中に飛び込み魚を捕らえる。一時は都内から姿を消し、「清流のシンボル」と言われたが、1980年代から都心の公園にも再進出。全国に分布。

サワガニ（左）
サワガニ科。甲幅20〜30mm。一生を淡水域で過ごし、雑食性で藻類や水生昆虫、ミミズなどを食べる。メスは卵や子ガニを腹に抱えて保護する。本州〜九州に分布する日本固有種。

道《みち》はどれも、宿坂、日無坂、豊坂という下り坂へとつづきます。なかでものぞき坂は、車道なのに傾《けい》斜《しゃ》が13度もある、都内で指折りの急坂《きゅうはん》。

山の手は坂が多い町です。坂にちなむ地名も、九段坂《くだんざか》（千代田区）や乃木坂《のぎざか》（港区）、神楽坂《かぐらざか》（新宿区）をはじめ、700以上もあります。昔のタクシードライバーの間では「東京の道は、山の手は坂の名で、下町は橋の名で覚える」といわれていたとか。

神田川の北側に沿って急坂の多い斜面が東西につづく地形が「崖《がい》線《せん》」。地元では「バッケ」とも呼ばれ、傾斜地なので畑には使えず、雑木林に覆《おお》われていたようです。建築技術が進んだ現在でも、緑地として残されている場所が少なくありません。下から見上げると山脈がつづくように見える崖線を「神田川アルプス」と見立てることもできるでしょう。

坂を下ってしばらく住宅街を歩くと、神田川に再会。岸辺はコンクリートで固められていますが、流れのなかでコサギがエサの小魚を探すほか、なんとカワセミが飛ぶ姿も見られます。どうやら排水《はいすい》

胸突坂をくだる著者

パイプの中に巣をつくっているようです。

「きれいな水」の目印サワガニがすめる理由は？

神田川と並行《へいこう》した新目白通りに走るのは、東京でただ一本だけ残る路面電車の都電荒川線《あらかわせん》。「雑司《ぞうし》が谷《や》」駅から乗って「面影橋《おもかげばし》」駅で下車し、「新宿区立甘泉園《かんせんえん》公園」に寄り道するのも面白いでしょう。

「甘泉園」という名前は、茶道に適した泉《いずみ》が湧いていたことに由来。今では園内の池に注ぐ水はポンプによるものですが、地下水もわずかに浸《し》み出しているようです。その証拠に、水質の汚染《おせん》に弱く、区部では珍しいサワガニが生息しています。

園内は四季を通じて花が咲《さ》き、樹液の出る木も多いので、昆虫が豊かです。夏の夜には街灯に集まった昆虫を狙《ねら》いにアズマヒキガエルもやってきます。

ここにもタヌキの目撃情報があるそうです。神田川アルプスから住宅地《じゅうたくち》を抜け、橋や大通りを渡《わた》って行き来しているのかもしれません。

甘泉園公園は面積は狭《せま》いものの、多くの種類の生き物に出会えます。「甘《あま》い泉」という名前の通り、オアシスのような環境なのでしょう。

神田川沿いは大名屋敷銀座

神田川の対岸に渡ると、コース中で旧大名屋敷がいちばん集中す

新宿区立甘泉園公園

●東京都新宿区西早稲田3-5
開園／7:00-19:00（3-10月）
7:00-17:00（11～2月）
☎ 03-5273-3914（新宿区みどり土木部みどり公園課）
最寄駅／都電荒川線面影橋駅から徒歩1分
地下鉄東西線早稲田駅から徒歩7分
江戸時代には徳川御三卿の一つ、清水家の下屋敷だった。明治以降は、相馬家の庭園として整備。大名屋敷にあった回遊式庭園の雰囲気をいまに伝え、「日本の歴史公園100選」に選出。

甘泉園公園で見られる他の生き物　クロアゲハ・ニホンミツバチ・カナブン・カワセミ

る「目白台」「関口」と呼ばれるエリアに入ります。

まずは「肥後《ひご》細川庭園」。ここはかつて熊本藩《くまもとはん》細川家の抱屋敷《かかえやしき》（幕府《ばくふ》から与《あた》えられた土地以外の藩《はん》の私《し》有地《ゆうち》）がありました。その面積は約1万5000坪《つぼ》と広大。現在の目白通りから神田川まで続き、目白台運動公園、和敬塾《わけいじゅく》、永《えい》青《せい》文庫、肥後細川庭園などがすべて含《ふく》まれます。

庭園のスタイルは、台地の下からの湧水《ゆうすい》を引き込《こ》み、池の周りを散歩しながら風景を楽しむ「池泉《ちせん》回遊式《かいゆうしき》」。京都の嵐山《あらしやま》の風景を模《も》して造園されたといわれています。

歌川広重「江戸名所百景　高田姿見のはし俤の橋砂利場」（国立国会図書館蔵）
現在の面影橋付近から見た神田川アルプスの崖線。

肥後細川庭園

●東京都文京区目白台1-1-22
開園／9:00〜17:00（2月〜10月）
9:00〜16:30（11月〜1月）
☎ 03-3941-2010
最寄駅／地下鉄有楽町線江戸川橋駅から徒歩15分
都電荒川線早稲田駅から徒歩5分

明治以降には、細川家が邸宅としてそのまま所有。戦後に売却された部分が、1961年に都立「新江戸川公園」に整備されて開園し、2017年から文京区立の「肥後細川庭園」と改称。

肥後細川庭園で見られる生き物　クロスジギンヤンマ・ショウジョウトンボ・アオスジアゲハ・カワセミ・オオタカ

背景《はいけい》には神田川アルプスの崖線にスダジイやシラカシなどの照葉樹《しょうようじゅ》を中心にした緑地がつづき、とても都心にいるとは思えません。

一年じゅう咲く花には、チョウをはじめ多くの昆虫が訪《おとず》れ、水辺には様々なトンボが見られます。

屋敷から消えたマツ

庭園前には「鶴亀松《つるかめまつ》」と呼ばれた2本の大木が明治の末ごろまで残っていました。となりの芭蕉庵《ばしょうあん》にも、江戸時代から有名な「五月《さみ》雨《だれ》の松」が1963年まであったそうです。また、明治中頃《なかごろ》に描《えが》かれたという庭園の絵にはアカマツと思われる大木が数多く見られます。ところが、マツは現在ではほとんど見られません。

どうやらこうした緑地は、大名屋敷の姿をそのまま残しているわけではないようです。

マツはどこへいってしまったのでしょう？

じつは、マツは痩《や》せた土地に生える植物。土壌《どじょう》が豊かになって照葉樹が生えるようになると、競争に負けてしまいます。こうした移り変わりを「植生の遷移《せんい》」（P92）と呼びます。

大名屋敷や邸宅《ていたく》があったころは、ひっきりなしに手入れが行われて抑《おさ》えられていた照葉樹が、持ち主が次々《つぎつぎ》に替《か》わって放置された時期に成長し、いつの間にかマツと交代してしまったのでしょう。

この変化は、本来この土地にあった自然が、回復しつつあることを表しています。

タヌキ・ロードの終点はツバキの山

肥後細川庭園の隣《となり》は、神田上水にちなんだ水神社や関口芭蕉庵で、豊かな緑が残ります。いよいよコースも終点に近い「椿山荘《ちんざんそう》」です。

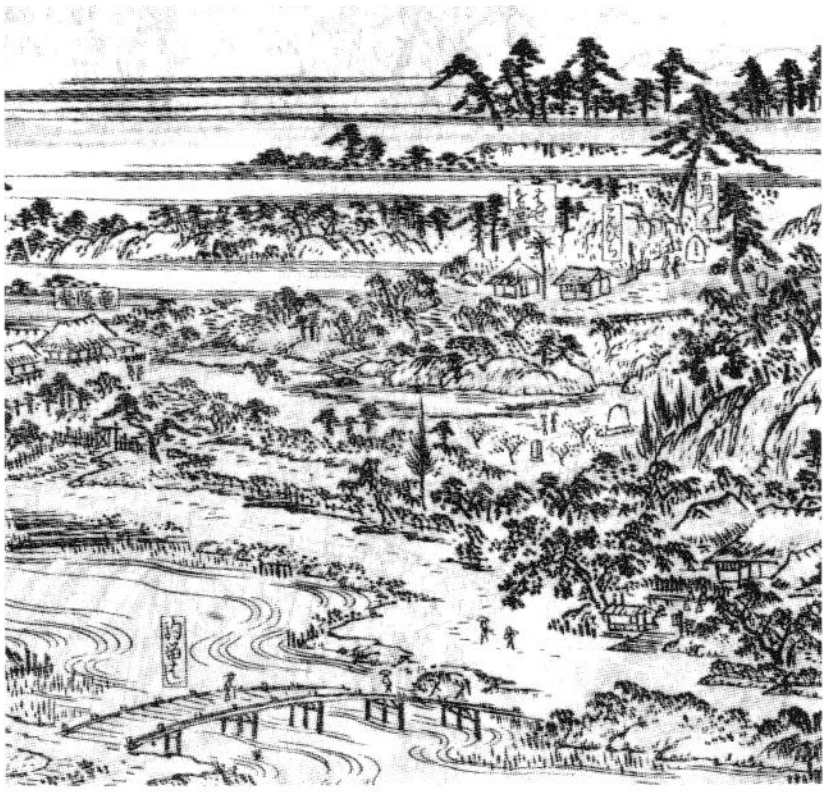

「江戸名所図会　はせを庵」（国立国会図書館蔵）
崖線つづきの細川藩大名屋敷にかけて、多くのマツが見られる。手前は神田川。

「椿山」の名のとおり南北朝時代（1336～92年）からツバキの自生で知られていました。庭園には樹齢《じゅれい》約500年、根元の周囲が4・5mもあるシイが御神木《ごしんぼく》としてそびえています。おそらく東京の本来の植生である照葉樹林の名残りでしょう。

　現在の庭園には、大きなビルや三重塔が建ち、人工の滝《たき》が作られています。しかし周辺部には豊かな緑地があり、ここにもタヌキが親子連れで現れるようです。

　おとめ山からたどってきた道筋《みちすじ》では、どこでもタヌキの消息を耳にしました。神田川アルプスの崖線に沿って、旧大名屋敷や大学、公園をつないで、ベルトのようにつづく緑地。彼らはそれを足がかりに行き来しているに違いありません。

　最近では皇居《こうきょ》にもタヌキがすみつき、タヌキ・ロードがさらにつづいていることが想像できます。

　大名屋敷跡《あと》は江戸時代から受け継《つ》がれてきた、貴重《きちょう》な文化遺産《いさん》。それは同時に、大都市の中に生き物を呼び戻《もど》す道でもあるのです。

椿山荘

●東京都文京区関口2-10-8
開園／9:00-23:00
☎ 03-3943-1111
最寄駅／地下鉄有楽町線江戸川橋駅から徒歩10分

江戸時代は、敷地１万5000坪を誇った久留里藩黒田家の下屋敷。明治になってからは、二度にわたり総理大臣を勤めた山県有朋の邸宅だった。

ミニガイド

イナゴ

渋谷から5分！山の手に伝わる最後の田んぼ

かつて雑木林や草原、畑が広がっていた山の手の台地の多くは、水の便が悪いため、水田には向きません。

ところが、台地に刻《きざ》まれた浅く小さな谷から、水が湧《わ》くところもありました。その流れを引いてつくられたのが「谷戸田《やとだ》」や「谷津田《やつだ》」と呼《よ》ばれる小規模《しょうきぼ》な水田。小学校でよく歌う「春の小川」の田園風景です。この歌詞《かし》は、古川の上流・渋谷川《しぶやがわ》に流れこむ河骨川《こうほねがわ》（現在の渋谷区代々木《よよぎ》の付近）をモデルにしたといわれています。

こうした小川のほとんどは、いまではコンクリートのふたをされて、見えなくなってしまいました。水田のあった谷やくぼ地も市街地になっています。その名残は、早稲田《わせだ》、大久保、渋谷《しぶや》、五反田《ごたんだ》といった地名からしかうかがえません。

そんななかで奇跡《きせき》のように残されてきた田んぼがあります。その名も「ケルネル田んぼ」。ビルがならび若者《わかもの》であふれる渋谷の街からは、わずか5分ぐらいです。京王井《けいおうい》の頭線《かしらせん》の駒場《こまば》東大前駅のすぐ近くで、走る電車の窓《まど》からも見えるほど。

いったいどうしてこんなところに田んぼがあるのでしょうか？

ここは目黒区立駒場野《こまばの》公園の一部。明治時代には駒場農学校（のちの東大や東京教育大の農学部）があ

り、日本の農業を近代化するための研究や指導を行っていました。そこで教鞭《きょうべん》をとっていたのがドイツ人のオスカル・ケルネル。ケルネル田んぼとは、彼《かれ》が実習用に使っていた田んぼのことなのです。彼が帰国してから120年以上経ったいまでも、その業績を讃《たた》えるために残され、中高生の手で米作りがつづけられています。

　田んぼがあるのは駒場野と呼ばれた台地の縁《へり》で、目黒川の支流である空川《そらかわ》が流れていました。いまでは上流と下流は暗渠《あんきょ》になっているものの、田んぼの横には小川が流れ、斜面《しゃめん》は雑木林に覆《おお》われているので、生き物にとってはすみやすい環境です。

　イネをエサにするイナゴや、アキアカネといった、水田を代表する昆虫《こんちゅう》が見られるのも特色。23区内では都の絶滅危惧種《ぜつめつきぐしゅ》になっているニホンアマガエルやアズマヒキガエルといった両生類、ヒガシニホントカゲなどの爬虫類《はちゅうるい》もすんでいます。

　なかでも注目したいのは、アオダイショウ（左）。都会の真ん中に体長1mを超《こ》えるヘビがいるのには驚《おどろ》きます。これもこの田んぼの周辺に、エサになる鳥などの動物が豊かなおかげでしょう。ネズミを追って家の中に入ってくることもあり、かつては「家の守り神」として大切にされていました。

アオダイショウ

駒場野公園自然観察舎

●目黒区駒場2-19-70 駒場野公園内
開館／9:30-16:30（月・火曜休館。月・火が祝日の場合は開館）
☎ 03-5722-9242
最寄駅／京王井の頭線駒場東大前駅から徒歩1分

田んぼの立ち入りは原則的にできませんが、自然観察舎による観察会や、水路の手入れといった活動に参加できます（要申込）。
観察舎では、ここにすむさまざまな生き物を展示・紹介しています。

ミニ図鑑

「外来」の生き物

ハクビシン

現在の東京には、よその土地から移ってきた生き物がすみついています。なかには海外からやってきたものもいます。こうした生き物は「外来種」とも呼ばれますが、国内の別の場所にいた生き物がもちこまれた例も多いので、「移入種」と呼ぶのが適当です。

ハクビシン

Paguma larvata　ジャコウネコ科

尾《お》を含めると１００㎝を超える。樹上《じゅじょう》生活に適応し、電線のうえも歩く。都内では２０００年ごろから目立ちはじめ、現在はイヌやネコ以外でもっとも多い哺乳類《ほにゅうるい》といわれる。原産地は中国大陸から東南アジアで、江戸《えど》時代にもちこまれたと考えられる。鼻筋《はなすじ》に白い線があるのが和名の由来。カキなどの木の実、昆虫、小動物、人間の菓子《かし》も食べる雑食性。家屋に侵入《しんにゅう》してねぐらにし、糞尿《ふんにょう》で汚染《おせん》することもある。

ミシシッピアカミミガメ

Trachemys scripta　ヌマガメ科

甲長《こうちょう》は最大で約30㎝。別名「ミドリガメ」。子どものころは、全身が黄色と緑のしま模様《もよう》におおわれるのが名前の由来。成長すると地味な色になる。アメリカ南部からメキシコ原産。１９６０年代に菓子会社の景品となったのがきっかけで、年に数十万匹もが輸入され、飼育にあきた飼い主が川や池に放流。今では日本在来のカメを圧迫《あっぱく》するほど増殖《ぞうしょく》している。「世界の侵略的《しんりゃくてき》外来種ワースト１００」の一つ。

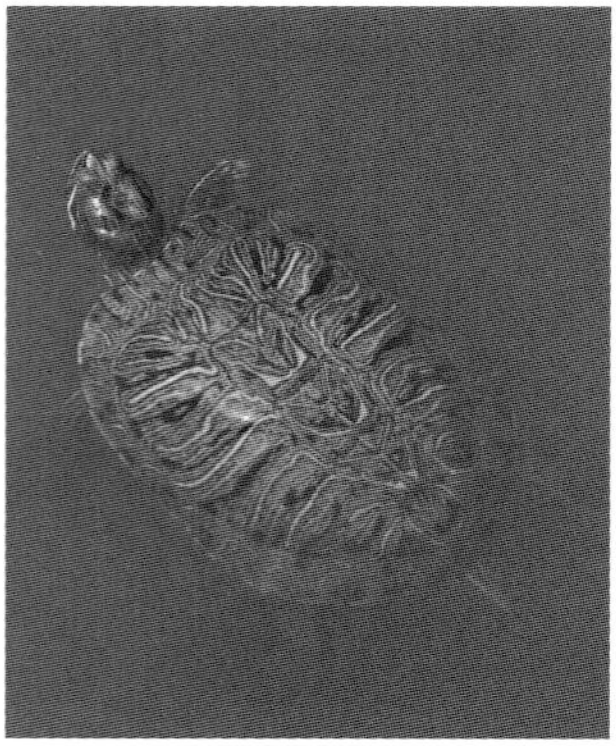

ワカケホンセイインコ

Psittacula krameri　インコ科

全長約40㎝。原産はインドやスリランカ。カキのような果実や木の実、サクラなどの花を食べ、公園、寺、神社などに生える大木のうろに巣を作る。ペットとして輸入されたものが逃《に》げ出し、原産地のサバンナに似て乾燥《かんそう》した都市の住宅地《じゅうたくち》で繁《はん》殖《しょく》。関東南部に広くすむ。

ウシガエル

Rana catesbeiana　アカガエル科　特定外来生物

体長は最大で約18㎝。池や沼《ぬま》にすみ「ウォーン、ウォーン」と大きな声で鳴くのが和名の由来。原産地はアメリカ中東部〜カナダ南部。一度に最大4万個の卵《たまご》を産むほど繁殖力が強い。大正時代より戦後まで、食料として盛《さか》んに養殖《ようしょく》された。在来種のカエルを食べたり、エサを奪《うば》ったりする影響《えいきょう》が大きい。

アカボシゴマダラ大陸亜種

Hestina assimilis　タテハチョウ科　特定外来生物

開張75〜85㎜。成虫は5〜10月に発生し、都内でもよく見られる。マニアが中国南部の原産地からもちこみ放したらしい。幼虫《ようちゅう》の食樹《しょくじゅ》・エノキは、オオムラサキやゴマダラチョウといった在来種も食べるので競合が心配される。また奄美《あまみ》諸島《しょとう》にいる特殊《とくしゅ》に進化したアカボシゴマダラの亜種が交雑して絶滅する恐《おそ》れもある。

第２章

トンボが彩る 下町の水辺歩き

東京の東側にある「下町」。“人情味あふれる”この地域にはかつてたくさんの川と水田があって、生き物にもすみよい場所でした。ところがその多くは埋め立てられ、景観が失われてしまいました。それでも変わらない下町もあります。まずは柴又から出発、渡し船を眺めながら江戸川を北へ、“野鳥の聖地”水元公園を堪能。そして隅田川沿いで奇跡的に再生した“トンボの楽園”尾久の原公園と、下町最後の田んぼに足を伸ばしてみましょう。

足立区のハス田

この章に登場する生き物

ギンヤンマ

ウスバキトンボ

アオモンイトトンボ

クロイトトンボ

ギンイチモンジセセリ

モツゴ

ミヤコタナゴ

ツチガエル

ゲンゴロウ

クツワムシ

オオタカ

オオバン

キイトトンボ
オオモノサシトンボ
ハグロトンボ
チョウトンボ
アオヤンマ
ウチワヤンマ
ショウジョウトンボ
ノシメトンボ
ハラビロトンボ
ミドリシジミ
コムラサキ
カナブン
クルマバッタ
ショウリョウバッタモドキ
カンタン
チャタテムシ

タガメ
タイコウチ
ハネナシアメンボ
ミズカマキリ
ホッケミズムシ
コガネグモ
アブラゼミ
ミンミンゼミ
ツクツクボウシ
ニイニイゼミ
ヒグラシ
クマゼミ
テナガエビ
ハマグリ
ニホンアカガエル
シュレーゲルアオガエル

ウシガエル
ミナミメダカ
ギンブナ
ドジョウ
タナゴ
ゼニタナゴ
ヤリタナゴ
アカヒレタビラ
タイリクバラタナゴ
シナイモツゴ
アオギス
マハゼ
ボラ
カダヤシ
オオヨシキリ
チョウゲンボウ

ユリカモメ
カイツブリ
タヒバリ
ナベヅル
タンチョウ
コウノトリ
トキ
マガン
ウズラ
カワセミ
カイツブリ
コウノトリ
ニホンカワウソ
キツネ

N
0 200m
鷹野五（東）
植生保護区
八潮南
公園
水元かわせみの里
水元かわせみの里
バード
サンクチュアリ
下新田公民館入口
水元五丁目三差路
江戸川
高州交番前
水元そよかぜ園前
❹水元公園
高州二
みさと公園入口
小向
高州四（西）
小合溜
東金町運動場
水元公園
水辺のいきもの館
岩槻橋
水産試験場跡
葛飾橋西詰
京成金町駅方面
東金町五

京成金町駅
京成金町線
金町浄水場
金町浄水場裏
❸矢切の渡し
真光寺
柴又公園
江戸川
柴又帝釈天
柴又帝釈天前
柴又用水路
葛飾柴又
寅さん記念館
❷柴又新八水路
❶柴又駅
柴又交番前
萬福寺
柴又街道
北総線
N
0 100m

は緑地

入門コース

下町に生き物の聖地をつくった、江戸の河川工事とは?

柴又・江戸川

帝釈天参道

隅田川や中川の流域に広がっていた下町の自然は、近代化とともに次第に減っていきました。それでも、下町を流れるもう一本の大河・江戸川の周辺には、いまでも江戸の名残が見られます。

葛飾区もそんな地域のひとつ。「柴又《しばまた》」や「亀有《かめあり》」といった地名は、映画やマンガのおかげで、下町の代表として全国的な知名度も高いようです。ところが、江戸時代はもちろん1960年代の高度経済成長期のころまでは、この一帯は水田や畑が広がる農村でした。都内低地でも珍しい生き物がまだ見られるのは、そんな歴史があればこそ。まずは柴又の町から、探索をはじめてみましょう。

町で見つけた農村の名残

国内外の観光客でにぎわう柴又

歌川広重「名所江戸百景　鴻の台とね川風景」
（国立国会図書館蔵）
下総国（現在の千葉県）側から見た、かつての利根川。対岸は葛飾の農村地帯。

矢切の渡し

駅をあとに、柴又帝釈天《たいしゃくてん》へ向かう参道を歩いていくと、小さな橋のかかる川が目にとまります。都会では、こうした小川は埋められて、下水や暗渠《あんきょ》になっていることが多いのを考えると不思議です。

じつはこの川は、柴又の水の便が悪かったのを解消するため、江戸時代の初めにつくられた「柴又用水《ようすい》」の名残。古人の功績を記念して残されています。

この地域は、江戸川によって上流から運ばれた肥沃《ひよく》な土がたまり、米作りにはうってつけでした。他《よ》所より早い時期に収穫される早場《はやば》米《まい》の産地として知られ、水路が張り巡《めぐ》らされていたのです。水辺の生き物も多かったことをうかがわせます。

渡し舟も残る「関東一の大河」

帝釈天の山門から左に進み、通りに出たら右折すると正面に江戸川の土手が見えてきます。斜面を登れば、対岸はもう千葉県。遠くに見える緑の高台は、山の手台地と同じ関東ローム層《そう》でできた下総《しもうさ》台地。江戸川は下町に広がる低地の東の端に位置しているのです。

この川は、かつては利根川として江戸湾に注いでいました。「坂《ばん》東《どう》太郎」の異名《いみょう》をもつ関東一の大河で、たびたび洪水を起こしては流れを変えています。しかし徳川《とくがわ》家康《いえやす》から三代にわたって行われた「利根川東遷《とうせん》」の大工事（P48）によって、本流は太平洋へ流れるようになり、下流部も名前が変わったのが現在の姿。

　もともとは大河だったこともあって、護岸工事が極限まで進んだ隅田川や、人工的な放水路である荒川とはちがい、川辺の自然も豊かに見えます。

　すぐ目の前の川縁《かわべり》にあるのが、有名な矢切《やぎり》の渡《わた》し。都内に残された唯一《ゆいいつ》の渡し舟《ぶね》です。かつて東京の大きな川には、佃《つくだ》、宮越《みやこし》、汐入《しおいり》（隅田川）、二子《ふたご》、矢口、菅《すげ》（多摩川）といった渡し舟がありました。交通の発達とともに、橋がかかると姿を消し、隅田川では1966年、多摩川では1973年までに廃止《はいし》されます。

　矢切の渡しは、農民が川を渡って田畑を耕したり、芝刈《しばか》りなどをするのに使われていたものです。

新八水路や江戸川ではボランティアによる生き物調査が行われている。

市民が再生した生き物の宝庫

渡し場の下流にある河川敷の駐車場脇に、一本の小川があります。新八水路《しんぱちすいろ》と呼ばれ、江戸時代から柴又一帯の水田をうるおしていた農業用水路の一部でした。

　ところが宅地化が進んだ近年には、水田が消えて役割を失い、一時は家庭の生活排水を江戸川へと流すのに使われていたほどです。さらに下水道が整備された1990年代になると、埋め立てて公園にしようという計画が立てられます。

モツゴ

しかし地元住民からの要望で、１９９６年に自然を復元するために水路の工事が行われ、それからは毎年、ボランティアによる生き物の調査と水路の手入れが行われてきました。２００６年には隣に江戸川とつながったワンドも造成。いまでは葛飾区内でも指折りの、水辺の生き物の生息地としてよみがえっています。

全国的に減っている絶滅危惧種《ぜつめつきぐしゅ》のミナミメダカをはじめ、モツゴ、ギンブナ、ドジョウといった淡水魚《たんすいぎょ》や、海からさかのぼってきたボラやマハゼなども見られます。過去には23区の絶滅危惧種であるニホンアカガエルや水生昆虫のタイコウチも見つかりました。

江戸川とつながっているおかげで、再生した生息環境を求めて、多くの魚や水生生物がやってきたのでしょう。

ただ、カダヤシやタイリクバラタナゴ、ウシガエルのような国外移入種《いにゅうしゅ》も見つかっており、在来の生き物への悪影響が心配されています。

こうした変化がわかるのも生き物調査のおかげ。それをもとに水路にたまりすぎた泥をかい出して、生き物にとってすみやすい環境整備が行なわれています。

満足に調べずに思い込みで自然に手を加えると、単に荒《あ》らすだけになる場合も多いので、大切な活動です。

生き物の聖域　水元公園

新八水路をあとに、再び柴又駅から電車に乗って京成金町駅へ。つぎの目的地である水元《みずもと》公園へ向かいます。

ここは東京低地に残された生き物のタイムカプセルとでもいうべき環境。23区のほかの地域からは姿を消した種類が、奇跡的に生きのびている公園です。

広さは96・3ha（新宿御苑の約１・65倍、約30万坪）もあり、都内でも最大の公園。広大な溜池《ためいけ》である小合溜《こあいだめ》を中心に、雑木林、水生の植物や動物、野鳥が観察できるエリア、絶滅危惧種を保全している池など、多彩な環境が備わっています。

水産試験場跡地にある「水辺のいきもの館」では、園内の自然の情報を展示《てんじ》したり、パンフレットを発行しているので、最初に立ち寄ると、より面白い観察ができるでしょう。

江戸時代の河川工事の名残

公園の中心である小合溜は、古利根川（中川）の一部です。八代将軍・徳川吉宗《よしむね》の時代（1716～1745）に、水害対策として水路を建設した際に切り離され、灌漑《かんがい》用の溜池になりました。ここからは葛飾一帯の水田に用水路が走り、周辺には「水郷《すいごう》」と呼ばれる景観が広がっていたそうです。「釣仙郷《ちょうせんきょう》」と名づけられるほど魚も豊かだったことから、コイやフナなどの淡水魚の養殖の研究や放流事業を行なう水産試験場もおかれていました。

昭和20年代は、水元公園のまわりは農村地帯だった。（葛飾区郷土と天文の博物館蔵）

大正時代末期から高度経済《けいざい》成長期にかけては、都市近郊《きんこう》に残る豊かな自然を求める行楽客が増えていきます。こうして早くも1965年には公園として開園。

一方、この時代になると、宅地化によって周辺からは水田がなくなっていきました。しかし、そこにすんでいた生き物の多くは、公園のなかに生息環境が残っていたおかげで、いまでも健在です。

水元公園

●葛飾区水元公園／東金町5丁目、8丁目
開園／24時間オープン
☎ 03-3607-8321（水元公園サービスセンター）
最寄駅／
正門：常磐線、千代田線、京成線金町駅から徒歩30分
南口バスターミナルから京成バス戸ヶ崎操車場行きで水元公園下車徒歩７分
※3～11月の土・日・祝日は、金町駅から水元公園循環バスあり。水元公園を効率よく移動するには、循環バスを水産試験場跡から水元かわせみの里まで利用するのがおすすめ。

植物では、ここが都内で唯一の自生地となっているアサザやオニバスが有名ですが、動物にも多くの種類が知られています。

水辺は昆虫の宝庫

水辺の環境がよく残されているので、そこにすむ生き物が数多く見られます。まず注目したいのは水辺の昆虫。東京23区からは、ほとんど姿を消したような種類が少なくありません。

トンボでは、ハグロトンボ、チョウトンボ、アオヤンマなど、水生昆虫では、ハネナシアメンボ、ミズカマキリ、ホッケミズムシといった絶滅危惧種が知られています。

もちろん、ギンヤンマ、ウチワヤンマ、ショウジョウトンボのような常連のトンボも豊かです。

水辺に多いハンノキは公園を代表する木の一つです。幼虫がこの葉を食べるミドリシジミは、ぜひ観察したいチョウ。オスの翅《はね》がキラキラと緑色に輝《かがや》き、夕方に梢《こずえ》を飛び交います。

やはり水辺でよく見るヤナギは、コムラサキやカナブンもやってくる樹液《じゅえき》のポイントです。

もう一つ注目したい環境は、全国的に減っている草原。草丈《くさたけ》の低い場所では、クルマバッタやショウリョウバッタモドキといった、珍しい種類がいるかもしれません。

草の間を飛ぶギンイチモンジセセリや、X字型の模様のついた網をはるコガネグモも、じつは絶滅危惧種。夜にはクズの茂みから、低く落ちついたカンタンや賑やかなクツワムシの鳴き声が響くでしょう。

昆虫以外では、シュレーゲルアオガエルやニホンアカガエルの23区内にわずかに残された生息地。カワセミやカイツブリなどの水辺の鳥も目立ち、冬には多くのカモも渡ってきます。これらをねらうオオタカも常連です。

姿を消した生き物たち

一方で、姿を消した生き物もいます。オオモノサシトンボは、全国にわずかな生息地しかない絶滅危惧種。１９３６年にこの水元公園で発見され、「Tokyoensis（東京産の）」という学名もついています。しかしここ10年以上は記録

ハグロトンボ

ミズカマキリ

コガネグモ

がなく、すでに都内からは絶滅した可能性が高くなってきました。ゲンゴロウやタガメといった、大型の水生昆虫も同様です。

淡水魚《たんすいぎょ》のタナゴの仲間は、ドブガイなどの生きた貝のなかに産卵《さんらん》する習性のあるグループ。かつて水元公園周辺には、タナゴ、ゼニタナゴ、ヤリタナゴ、アカヒレタビラの4種類が生息していました。ところが高度経済成長期を境に激《げき》減《げん》し、いまでは大陸からの移入種であるタイリクバラタナゴしか見られません。

いずれも、水質が汚染《おせん》されたり、水辺の環境が変わったり、ブラックバスなどによる食害といった影響と考えられています。

小魚のシナイモツゴは、関東・中部地方から東の本州にだけ分布し、1960年代までは水元公園でも確認されていました。しかし移入されたモツゴと交雑したり、生存《せいぞん》競争に負けたために数を減らし、関東地方から絶滅しています。

国外移入種の陰《かげ》になって気づかれることが少ない、国内移入種による被害《ひがい》の代表的な一例です。

町に広い自然が残されてきた価値

水元公園は、戦前からすでに自然を残すかたちで計画されました。その方針《ほうしん》が正しかったのは、いまでは数少なくなってしまった生き物に出会えることが何よりの証拠。

この貴重な財産を守ることはもちろん、水辺を伝って再び生息地を広げることができれば、都市のなかにも自然を取り戻すことができるに違いありません。生き物のタイムカプセルは、今度は自然回復の発進基地になるのです。

解説

「水の都」下町400年の大変化

　下町は「江戸っ子」と呼ばれる庶民の住む土地というイメージがあります。下町の住人は人懐《ひとなつ》っこくて気が早く、時にはおっちょこちょいで、話し言葉も活きのいい「べらんめい」口調。一方で山の手に住むのは、物静かだけれど気位が高く、夫人は語尾《ごび》に「ざぁます」をつける人々という具合。

　現在でも浅草、上野（台東《たいとう》区）、両国（江東《こうとう》区）、築地《つきじ》、月島（中央区）などには下町の名残があり、国内外の観光客に人気です。

　では、下町とはどんな地域《ちいき》を指し、どんな自然があるのか？　それを知るために、江戸が作られてきた歴史をふり返ってみましょう。

江戸は海辺の湿地帯だった

　都市としての江戸の歴史は意外に新しく、徳川家康《とくがわいえやす》が豊臣秀吉《とよとみひでよし》か

現在の下町を代表する町・浅草。
今も多くの人でにぎわっている。

東京湾で唯一、当時の江戸の海辺が残るといわれる千葉県小櫃川干潟。

「家康公肖像」（国立国会図書館蔵）
江戸っ子には「ご神君」と呼ばれ人気の高い徳川家康。

ら与えられた領地を本拠地《ほんきょち》にしたのは1590年。家康が来たばかりの江戸城《じょう》には石垣《いしがき》もありませんでした。現在の皇居前《こうきょまえ》（江戸城跡）から丸の内にかけては、日比谷入江《いりえ》という浅い海が入り込んで、岸辺に小さな村が点在するだけだったといわれます。

いまの台東区、墨田区《すみだ》、江東区、中央区のあたりは、隅田川《すみだがわ》や中川、利根川などが上流から運んできた土砂《どしゃ》のたまるデルタ地帯でした。大小の川が入り組み、ヨシ原は洪《こう》水《ずい》によってたびたび位置が変わる不安定な低湿地《ていしっち》です。

こんな人間にとって暮らしにくい環境も、ゆるやかな流れや浅い水辺を好む生き物にとっては絶好の棲《す》み家《か》。淡水魚、タガメやトンボ、カエル、水鳥からニホンカワウソまで、豊かな生態系《せいたいけい》が育まれていました。

天下を治めた秀吉は、強敵になるかもしれない家康に、京の都から遠く離れた不利な領地を押《お》しつけたのでしょう。しかし家康は落《らく》胆《たん》したりせずに、江戸の大改造に取りかかりました。

埋め立てで生まれた江戸の基礎

家康がまず行なったのは、水路の整備と低湿地の埋め立てです。隅田川と中川のあいだに堅川《たてかわ》、小《お》名木川《なぎがわ》、仙台堀川《せんだいぼりがわ》といった人工河川を縦横《じゅうおう》に掘り、塩や材木などを運ぶ水路にしました。

つづいて神田の山を崩《くず》した土砂で日比谷入江などの沿岸を埋めて、

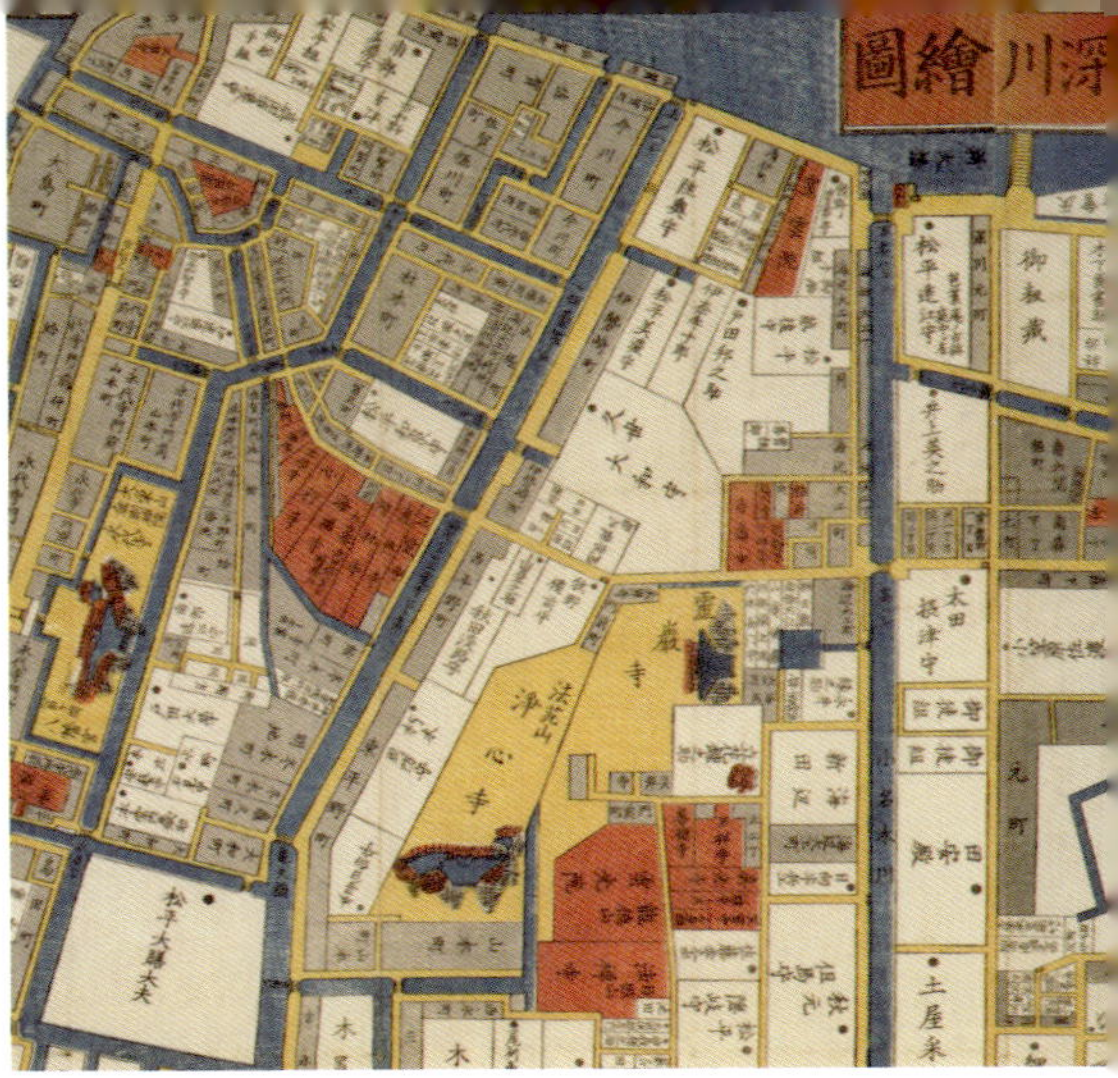

上：「職人尽絵詞」第3軸（国立国会図書館蔵）
下町には職人が多く住んでいた。
右：「江戸切絵図　本所深川」（国立国立国会図書館蔵）
縦横に水路が掘られている。

新たな土地を作っていきます。そして神田川などの流れる方向を変え、江戸城を囲んで守るように堀《ほり》も整備しました。

こうして、山の手から見たら文字どおり「下」の低地に、神田（千代田区）、日本橋（中央区）、築地といった町が誕生《たんじょう》します。これが下町のはじまりです。

ここにも大名屋敷はありましたが、ほとんどが、江戸の建設にかかわる職人や、経済を支える商人の居住地。その面積は江戸の町全体の20％以下のため、かなりの人口密集地《みっしゅうち》だったようです。時代劇でおなじみの庶民が住む長屋の多くもここに建てられました。

この下町を中心に、江戸は人口100万を超《こ》える当時の世界一の大都市へ発展していきます。

人工の渓谷まで作った巨大都市開発

家康は他にも、洪水防止や船の行き来を便利にするため、江戸湾《えどわん》に注いでいた利根川の流れを現在のように太平洋へと変える「利根川東遷《とうせん》」、荒川《あらかわ》を現在の隅田川につなぐ「瀬替《せが》え」など、大工事を次々に行ないます。

これらがどれだけ大がかりだったか、一目で分かる場所がJR御《お》茶《ちゃ》ノ水《みず》駅のホーム。ここから見下ろす神田川の谷は、じつは人工の渓谷《けいこく》です。敵が江戸城に攻《せ》めてきた場合に備えて掘った、絶対防衛ラインでした。

こうした大開発は生き物にも大きな影響《えいきょう》を与《あた》えたに違《ちが》いありません。

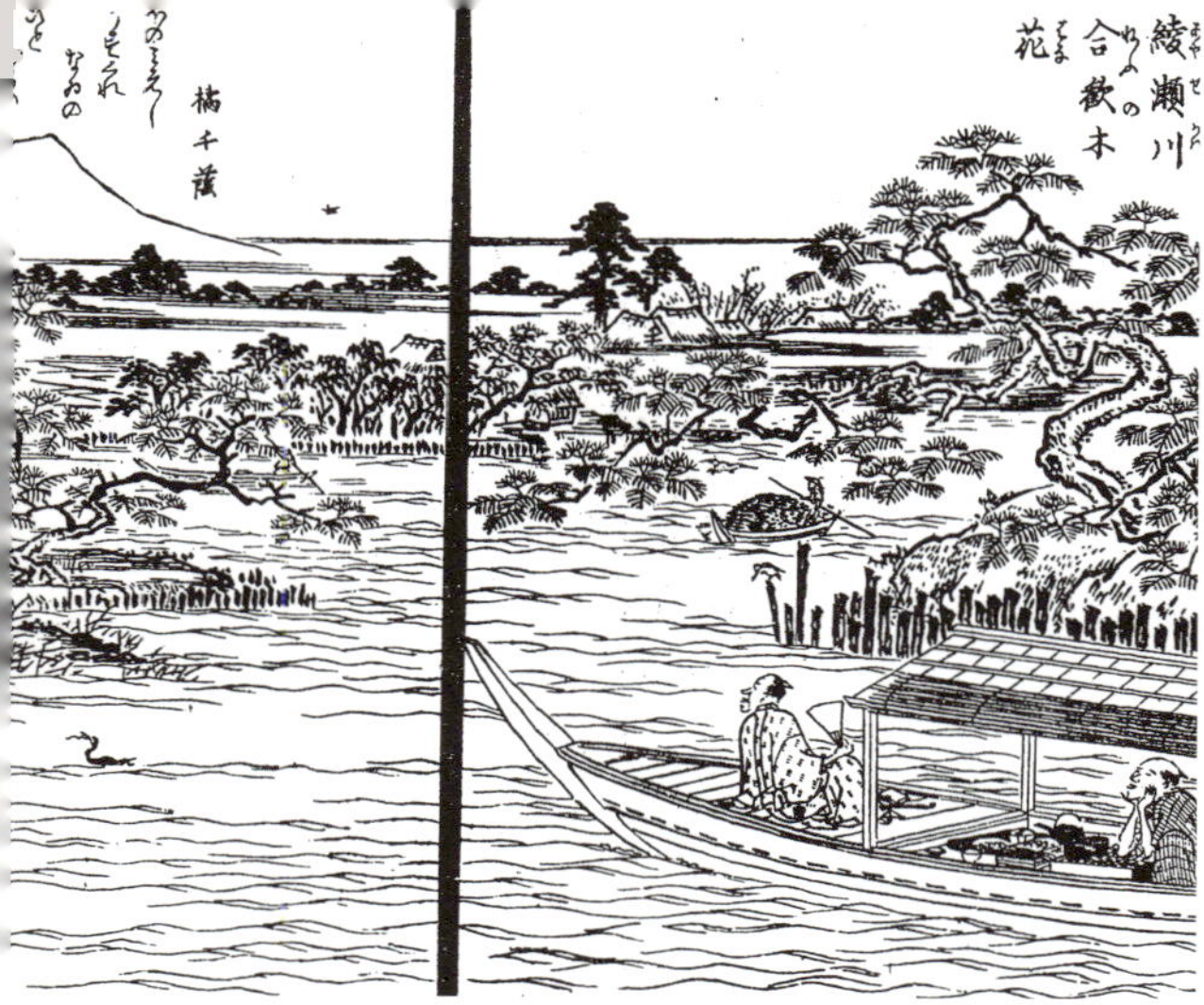

上：御茶ノ水駅のすぐ下を流れる神田川。
左：「江戸名所花暦　綾瀬川合歓木花」（国立国会図書館蔵）
人工的に整備され隅田川に合流していた綾瀬川も、岸辺の自然は豊かだった。

「江戸風俗十二ケ月の内　五月　田植之図」
（国立国会図書館蔵）

しかし、現代のように大型の土木機械で短期間に完成させる工事に比べると、当時は人力で少しずつ長い年月をかけて進められたので、生き物が移動する余裕《よゆう》もあったでしょう。

また、岸辺をコンクリートで固めるのではなく、石垣を積んだり木の杭《くい》を打ったりといった、生き物が棲み家にできるような空間の多い工法だったことは、浮世絵からもうかがえます。

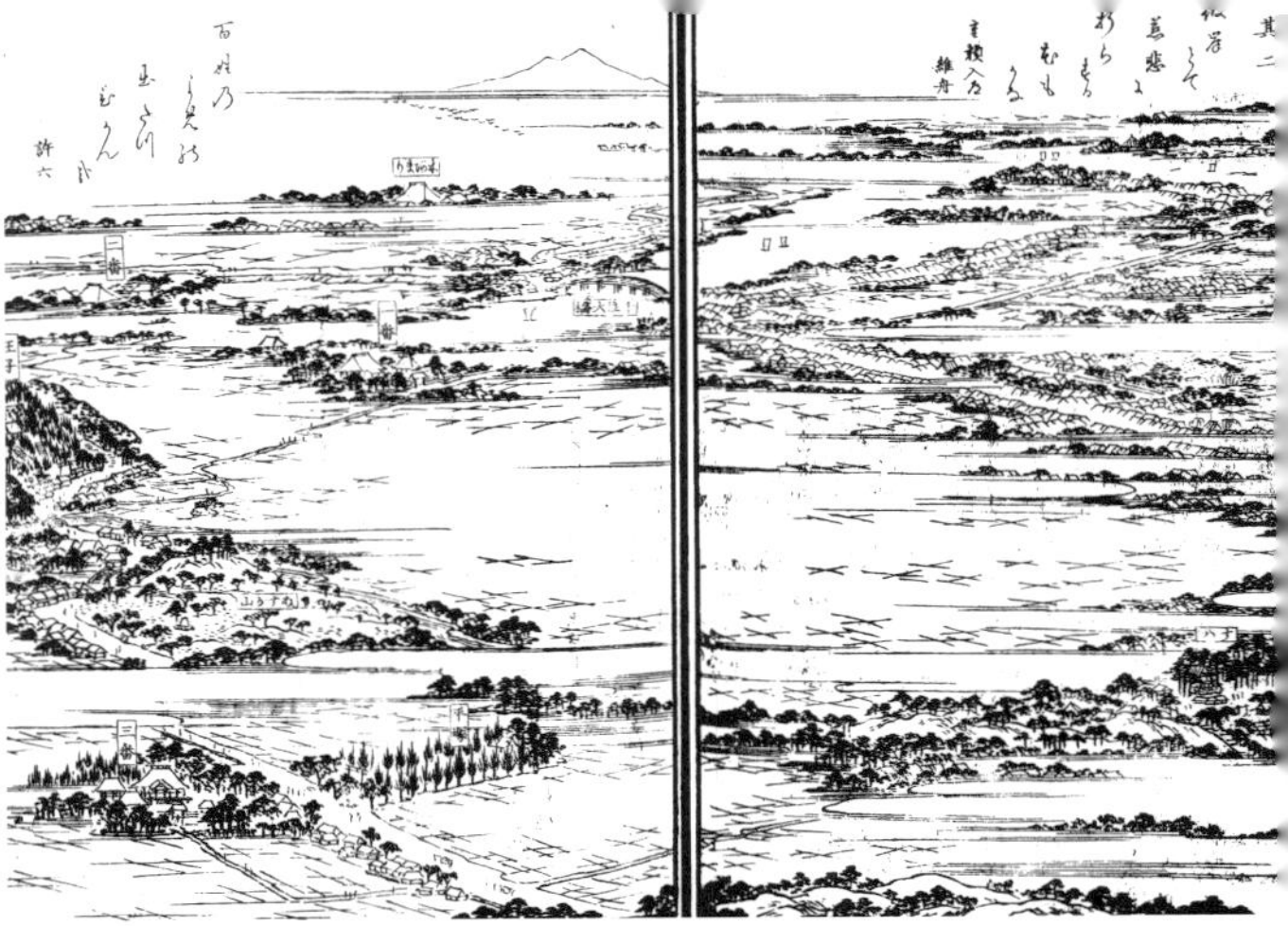

「東都歳事記　彼岸　六阿弥陀参」（国立国会図書館蔵）
江戸北東部は水田地帯がつづいていた。

都市郊外に広がっていた田園地帯

さらに江戸の市街地として定められた範囲《はんい》は、1日で歩いて往復できる「4里（16㎞）四方」。この外側は、都市部に食料を供給《きょうきゅう》するため、山の手では畑、下町には水田がありました。

いまでは下町の代表と思われている柴又《しばまた》や亀有《かめあり》も、江戸に含《ふく》まれない農村地帯だったのです。

とくに水田の範囲《はんい》は広く、両国橋を渡《わた》った隅田川の東側では、本所（墨田区）や深川（江東区）の街外れから、上流に向かって見渡《みわた》すかぎりの水田がつづいていたようです。

じつは生き物にとって、浅い水辺が保たれている水田は、デルタ地帯の低湿地と同じくらいすみやすい条件だったと言えます。

水田では一年の半分ほど水が抜かれますが、低湿地でも洪水や渇《かっ》水《すい》をくり返して水が大きく増減することを考えれば、それほど障害《しょうがい》にはなりません。フナなどの魚や、トンボ、カエルのように、卵から数カ月のあいだで成長してしまえばよいわけです。

日本の水田に生き物が豊富だったのは、低湿地から引《ひ》っ越《こ》してきたためと考えられています。江戸の大開発も、人間が彼らにとって都合のよい環境を生み出したおかげで、影響が少なく抑《おさ》えられたのでしょう。

カエルと水田

水田のある公園一覧

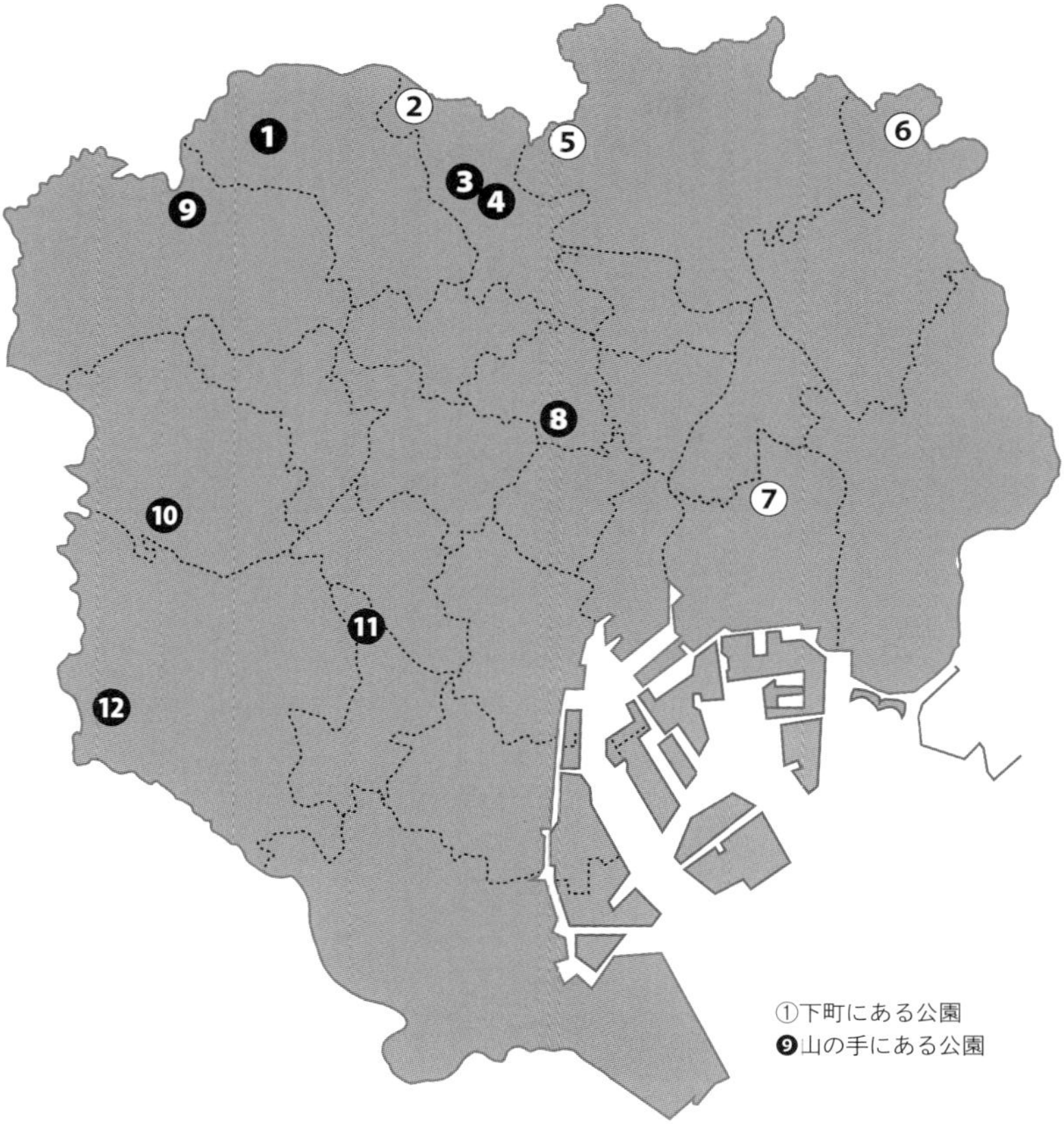

❶水車公園・板橋区四葉　②浮間釣り堀公園・北区浮間　❸赤羽自然観察公園・北区赤羽西　❹清水坂公園・北区十条仲原　⑤都市農業公園・足立区鹿浜　⑥水元公園・葛飾区水元　⑦横十間川親水公園・江東区扇橋　❽小石川後楽園・文京区　❾光が丘公園・練馬区光が丘　❿柏の宮公園・杉並区浜田山　⓫駒場野公園（ケルネル田んぼ）・目黒区駒場　⓬次大夫堀公園・世田谷区喜多見

小石川後楽園の水田

生き物と人間が共生できた大都市

こうしてできた下町の水辺は、生き物にとってパラダイスでした。

水路や池にはゼニタナゴ、ヤリタナゴの仲間が多く、これを釣る文化も生まれています。網ですくえば簡単に捕れる小魚を、わざわざ工芸品のような装飾《そうしょく》の釣り竿《ざお》や道具を使い、女性の長い髪《かみ》の毛を釣り糸にして、一匹《いっぴき》ずつ釣り上げるという遊びです。

ツチガエル
水辺にすみ、驚くとすぐに水に飛び込む。

カエルにとっても絶好の棲み家でした。松尾芭蕉《まつおばしょう》の俳句《はいく》「古池や　かわず飛び込む　水の音」は、下町の深川でツチガエルの生態を詠《よ》んだものと考えられています。

これらの生き物をエサとする大型の鳥も、都市の近くで暮《く》らせました。たとえばコウノトリ。一度は日本から絶滅《ぜつめつ》し、今は繁殖《はんしょく》させて放鳥した個体が見られるだけですが、江戸では珍《めずら》しい生き物ではありませんでした。本所、深川、浅草などの寺の屋根などに巣をかけた記録もあります。

コウノトリ

失われた下町の水辺の自然

ただ、残念なことに、いまではほとんどの生き物がいなくなってしまいました。下町は、都内でもひどく大きな自然破《は》壊《かい》が進んだ地域だったようです。70ページに見られるように、多くの種類が絶滅しています。

その一番の原因は、一帯が工業地帯となり、護岸工事で水辺を失ったうえに、排水《はいすい》で川を汚されたためでしょう。

関東大震災《だいしんさい》や太平洋戦争の空襲

自然に生えてきたヨシ原を守るための波よけブロック

による火災の影響も甚大《じんだい》です。下町はほとんど焼け野原になり、復興する際には建物の残骸《ざんがい》で多くの水路が埋められました。

日本が高度経済成長を遂《と》げた、1964年の東京オリンピックが、環境破壊と汚染のピーク。隅田川は悪臭《あくしゅう》がひどく、長い伝統をもつ両国の花火大会や、大学対抗《たいこう》のボートレースも中止に追い込まれたほどです。

水田地帯も、1960年代末までには、23区内からほとんど姿《すがた》を消しました。大きな川べりのヨシ原もグラウンドになったり、洪水防止を目的にコンクリートで固められてしまいます。

下町に生き物を呼び戻す

そんな下町にも、いま少しずつ自然が戻ってきています。

河川の水質は改善《かいぜん》しつつあり、生き物の姿も目につくようになりました。なかには川沿《かわぞ》いに自然の豊かな地域から移動してきた種類も見られます。

彼《かれ》らの棲み家として整備された公園も作られ、ヨシが生える岸辺を守ったり回復させたりする工事も行われるようになりました。

水田は、足立区などにわずかに残るだけですが、かつての景観をいまに伝え、農業体験をするために、公園などに再現されたものが増えつつあります。

さらに、家康の大改造以前にあった自然すら、わずかに残されています。東京都と千葉県の境を流れる江戸川《えどがわ》は、家康による東遷工事が行われる前の利根川。この流《りゅう》域《いき》にある小合溜《こあいだめ》は、そのころの名残りをとどめ、23区ではここでしか見られない生き物もいます。いわば、下町の自然のタイムカプセルと言えるでしょう。

下町に残る自然はわずかですが、東京に生き物を呼び戻すためには貴重《きちょう》な存在《そんざい》なのです。

ミニ図鑑

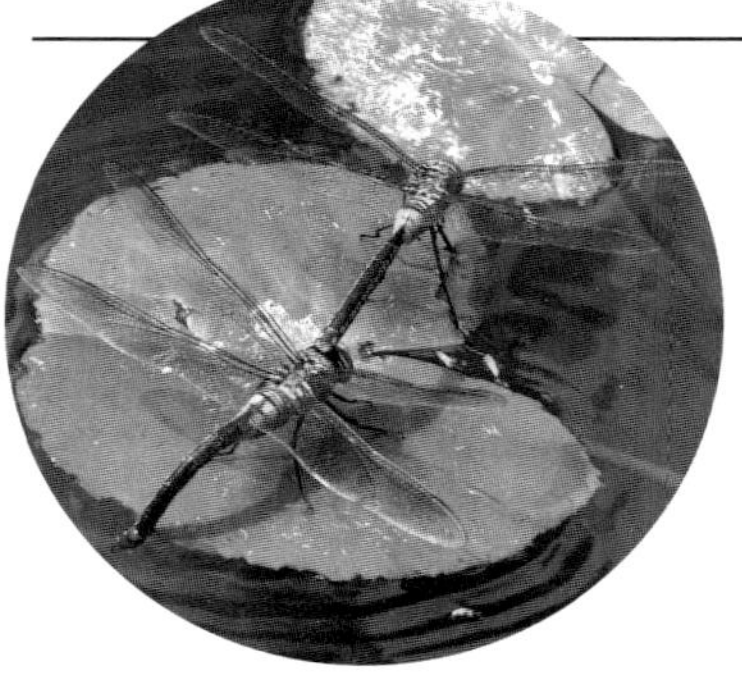

水辺に生き残る元祖・江戸っ子

下町の多くは、ヨシの茂《しげ》る水辺のデルタ地帯を埋め立てて作られました。いまも見られる生き物には、江戸の街ができる前から水辺にいたものも少なくありません。

そのなかには、わずかに残った環境で生きつづけてきたものもいれば、新たに復活した自然を見つけて里帰りしたものもいます。

水辺は変化しつづける環境なので、これからも増える生き物、消える生き物がたくさんいるでしょう。

ギンヤンマ

Anax parthenope　ヤンマ科

体長約70㎜。日本全土に分布する代表的なトンボ。オスの腹のつけ根が銀白色なのが名の由来。高い空中を素早く飛ぶので捕《つか》まえにくい。水田や、水草の生えた広い池、河川敷《かせんじき》の大きな水たまりなど、流れのない開けた空間を好む。夕方にはほかのヤンマ類と群れになって飛ぶ。

チョウトンボ

Rhyothemis fuliginosa　トンボ科

体長32～41㎜。金属光沢《こうたく》をもった黒紫色《くろむらさきいろ》の幅《はば》の広い翅《はね》で、ひらひらと舞《ま》うように飛ぶ。よく滑空《かっくう》するのでヒコウキトンボとも呼《よ》ばれる。平地から丘陵地《きゅうりょうち》の池や沼《ぬま》にいたが、農薬の影響《えいきょう》で激減《げきげん》。しかし移動力があるので、街なかの水辺でも、環境が改善《かいぜん》されると姿を現わす。本州・四国・九州に分布。

クツワムシ

Mecopoda nipponensis　キリギリス科

日本固有種

　体長50～53㎜。鳴く虫のなかでも大型で、「ガチャガチャ」という鳴き声もうるさく感じるほど。名前の由来は、馬につける金具のくつわがぶつかって出す音が鳴き声に似ているから。林縁《りんえん》のヤブ、とくに葉をエサにしているクズの茂みに好んですむ。移動能力が低いため環境の変化に弱い。本州の関東地方以南から九州に分布。

ギンイチモンジセセリ

Leptalina unicolor　セセリチョウ科

　開張30～35㎜。背《せ》の低い草原をスキップするように飛びまわる。黄土色をした後翅《こうし》に、名前の由来となった銀色のすじが目立つのは、春に現れるものだけ。都内東部の埋め立て地や河川敷などにもすむ。北海道から九州までの限られた地域に分布。

ミドリシジミ

Neozephyrus japonicus　シジミチョウ科

　開張20～30㎜。オスの翅の表は金属光沢のある緑色に輝《かがや》く。メスはこげ茶色で地味だが、四つの模様《もよう》のパターンがある。平地では川沿《かわぞ》いや湿地に生息。人里に近い生息地では、宅地化《たくちか》により減少。北海道・本州・四国と九州のごく一部に分布し、6～7月頃《ごろ》にだけ現れる。

テナガエビ

Macrobrachium nipponense　テナガエビ科

体長約10㎝。名前どおりオスの鋏《きょう》脚《きゃく》が体長と同じくらい長い。平地の流れのゆるやかな川や池にすむ。水の汚《よご》れには比《ひ》較的《かくてき》強い。ゆでたり唐《から》揚《あ》げにして食用にされ、釣りも盛ん。本州・四国・九州に分布。

ミナミメダカ

Oryzias latipes　メダカ科　日本固有種

体長約40㎜。本州の太平洋側、中国地方、四国、九州、琉球《りゅうきゅう》に分布。岩手県以北と若狭《わかさ》湾《わん》より東の日本海側にすむキタノメダカとは別種。平地から丘陵地の池や流れのゆるやかな小川を好み、淡水《たんすい》と海水の混ざる汽《き》水域《すいいき》にもすむ。河川改修や水田の減少、水の汚《お》染《せん》などにより、都内ではごく一部を除き絶滅。移入種のカダヤシと間《ま》違《ちが》われやすいが、メダカの尾びれは直線的で長いので区別できる。

ニホンアカガエル

Rana japonica　アカガエル科　日本固有種

体長30～75㎜。平地から丘陵地の、近くに林のある水田に生息。かつては、おねしょ予防のためとして、焼いて食べられた。水田の減少や水路の改修に加え、乾田《かんでん》化で冬に水をためないために減少。23区ではごく一部を除いて絶滅した。本州・四国・九州に分布。

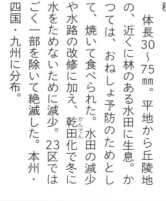

オオヨシキリ

Acrocephalus orientalis　ヨシキリ科

全長18㎝。東南アジアより、北海道から九州に渡来《とらい》する夏鳥。川や湖の岸辺、休耕田などに生えたヨシ原が繁殖地《はんしょくち》。「ギョギョシ、ギョギョシ…」という鳴き声は、古くから知られる川辺の風物詩。ヨシの茎《くき》のあいだに巣をかけ、時にはカッコウに托卵《たくらん》されてヒナを育てる。護岸工事や河川敷のグラウンド化でヨシ原が少なくなり、23区では減少。

チョウゲンボウ

Falco tinnunculus　ハヤブサ科

全長33〜39㎝。メスは体の上面が茶褐色《ちゃかっしょく》、オスは頭が青灰色。空中でホバリングするように羽ばたきながら、ネズミや小鳥などの獲物を探し、急降下《きゅうこうか》して捕らえる。江戸川《えどがわ》や荒川《あらかわ》の河川敷でも見られる。近年では市街地のビルや橋などにも巣を作る。北海道から本州中部以北で繁殖し、冬には西日本にも渡る。

ユリカモメ

Larus ridibundus　カモメ科

全長40㎝。シベリアなどから、日本全国に渡来する冬鳥。他のカモメより小さくスマートで、くちばしと足が濃《こ》いオレンジ色。春には頭が黒っぽく変わる。海辺、湖、大きな川や河口などで、群れになることが多い。魚やカニ、生き物の死体、植物の種も食べる雑食性。隅田川《すみだがわ》では「都鳥《みやこどり》」として有名。

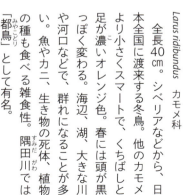

N
0 200m
ハス田
高野駅
成田山高野講
尾久橋通り
扇中央公園
瀧野川信金扇出張所
江北橋通り
扇大橋駅
❹水田（足立区扇1丁目）
尾竹橋通り
西新井橋北詰
扇大橋北詰
首都高速中央環状線
西新井橋
扇大橋
荒川
❸千住桜木地区自然地
西新井橋南詰
扇大橋南
千住桜木町
足立小台駅
隅田川
墨堤通り
尾竹橋
日暮里・舎人ライナー
❷尾久の原公園
首都大学東京
熊野前
大門小学校入口
熊野前駅
明治通り
新三河島駅
京成本線
東京メトロ千代田線
JR東北本線
東尾久三丁目駅
都電荒川線
西日暮里駅
JR常磐線
満光寺前
町屋二丁目駅
町屋駅前駅
町屋
赤土小学校前駅
町屋駅
JR山手線
諏訪台
↓右のマップに続く
❶日暮里駅

は緑地

メインコース

隅田川・荒川

水辺を歩き、再生したトンボの楽園へ

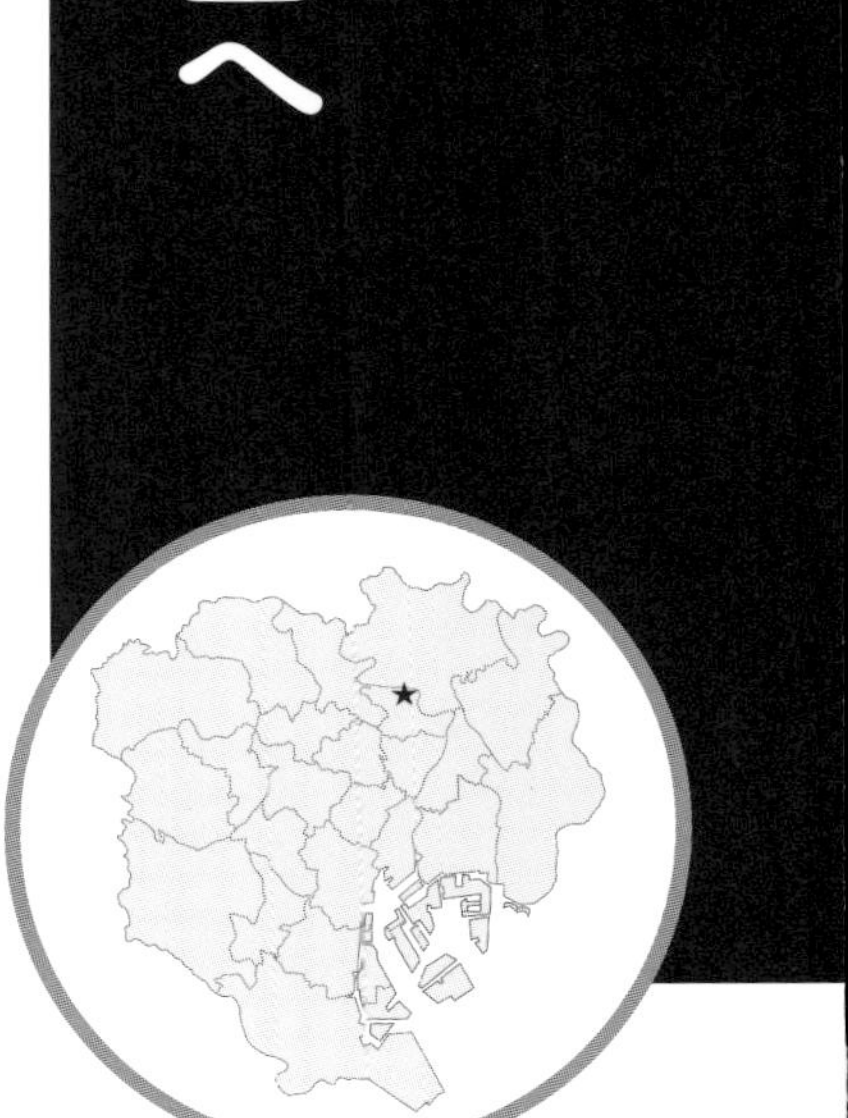

日暮里駅から見える、山の手と下町の境界線。

下町では、高度経済《けいざい》成長期を境に自然がほとんどなくなってしまいました。でも、江戸の街外れの農村だった荒川《あらかわ》区や足立区、葛飾《かつしか》区や江戸川《えどがわ》区には、当時の名残が感じられる場所があります。

最近になって、生き物のすめる環境《かんきょう》が戻ってきたところもあります。いったい、どんな取り組みがあるのでしょうか。

広々とした水辺や農地の景色を楽しみながら探索《たんさく》しましょう。

山の手と下町の境界線に注目

スタート地点は、6路線が乗り入れるターミナル駅・日暮里《にっぽり》。地名の由来は、寺社や庭園が多く、「景色のよさに日が暮れるのを忘《わす》れる」ほどと言われたためと伝えられます。

JRの駅北口を出た跨線橋《こせんきょう》は、

歌川広重「名所江戸百景　日暮里諏訪の台」
（国立国会図書館蔵）

たくさんの線路を一望できる、鉄道ファンに人気のスポットです。

　ここでは、線路に沿《そ》ってのびる急な崖線《がいせん》に注目しましょう。この場所が東京の山の手と下町の境界線です。

　北に向かって左側は武蔵野《むさしの》へとつづく台地。右側の低地は、縄文《じょうもん》時代には海が迫《せま》り、崖線の下を波が洗《あら》っていました。

　おかげで台地から低地の水田や隅田川を見渡せる景勝《けいしょう》の地として浮世絵になったほど。道灌山《どうかんやま》や諏《す》訪台《わだい》といった行楽地も多く、花見や虫聴《き》きに訪れる人々でにぎわいました。崖の上から素焼きの皿を投げて競ったり、厄除けの願をかけるのも人気だったそうです。

　明治時代になり、崖線沿いに鉄道が敷《し》かれると、低地と台地の行き来は妨《さまた》げられます。なかには通れなくなった坂道もありました。

新交通システムで豊かな水辺の公園へ

　日暮里・舎人《とねり》ライナーは、鉄道ではなくゴムタイヤの車輪で走る無人の新交通システム。埼玉県《さいたまけん》との境にある見沼代親水公園《みぬまだいしんすい》とのあいだを往復しています。

　三つ目の駅、熊野前《くまのまえ》で下車すると、なんと駅前の通りには路面電車が走っています。じつは山の手のお屋敷《やしき》町歩きのときに出会った都電荒川線《あらかわせん》と立体交差しているのです。ハードな行程になりますが、山の手と下町をつないで生き物に出会う町歩きのコースを設定しても面白いでしょう。

　首都大学東京・荒川《あらかわ》キャンパス方向へ住宅地《じゅうたくち》を進むと、左手に見えてくる広い空間が、最初の目的地である東京都立・尾久《おぐ》の原公園です。

　ありきたりの都市公園のように見えますが、じつは水辺の生き物にとっての一大生息地。さまざまなトンボやカエル、水鳥がすんでいます。

工業地帯だった頃に近くにあった千住お化け煙突
（足立区立郷土博物館蔵）

これらの生き物が見られるのは、公園が彼らの生息を目的として整備されているおかげです。公園の4分の1ほどは、よく手入れされた湿地と池で、ヨシやガマが茂《しげ》っています。

工場の跡地にも自然はよみがえる

なぜこんな環境ができたのでしょう？　その理由は、公園の過去にありました。

かつてここは、隅田川沿岸《えんがん》にひろがる工業地帯の一部。太平洋戦争では、米軍による空襲《くうしゅう》の最初の標的になったほどです。1970年代になると工場がよそへ移転して数haもの広大な更地《さらち》が生まれます。

その土地をどう利用するか議論《ぎろん》しているうちに、凹地《おうち》に雨水がたまって大きな池になり、周囲にはヨシやガマが生えはじめました。そこへトンボが飛んできて繁殖をはじめ、5年ほどすると都内有数の生息地が誕生《たんじょう》、というわけです。

東京都立・尾久の原公園

●荒川区東尾久七丁目～町屋五丁目
開園／24時間オープン
☎ 03-3819-8838（尾久の原公園サービスセンター）
最寄駅／日暮里・舎人ライナー・都電荒川線熊野前駅から徒歩８分

尾久の原公園で見られる他の生き物　バン・トウキョウダルマガエル・アジアイトトンボ・オオイトトンボ・コフキトンボ・マイコアカネ

自然がよみがえったことに多くの市民が注目し、保存運動に発展しました。ちょうど同じころに、品川区と大田区にまたがる大井《おおい》埋《うめ》立地《たてち》でも、水たまりに生まれた自然を「東京港野鳥公園」（P126）として保存する市民運動が進んでいたので、タイミングもよかったのでしょう。

こうして尾久の原公園は、生き物の生息にも配慮《はいりょ》したユニークな都立公園として１９９３年にオープンしました。

この公園には、昔ながらの自然が残されているわけではありません。しかし、公園の湿地は、かつて下町にあった自然の姿を受け継《つ》いでいるともいえるのです。

どういうことでしょうか？

その昔、洪水が繰り返しおきた隅田川流域《りゅういき》では、ヨシ原などの環境が押し流されるたびにリセットされ、おかげでさまざまな植生の低湿地が維持《いじ》されていました。人間の手で更地になった工場跡地に水たまりができたのは、洪水と同じような自然の働きだったというわけです。

下町有数のトンボの楽園

ここで見られるトンボの種類は、じつに多様。これまでに約30種が確認《かくにん》されていて、環境によって見られる種類もさまざまです。

なかでも広い水面を高く飛ぶトンボの代表がギンヤンマ。この公園が「関東で指折りの多産地」と呼ばれていたほどです。

同じ岸辺でも、ガマやフトイといった抽水植物《ちゅうすいしょくぶつ》が生えた場所と、草が茂った湿地では、見られる種類も違ってきます。

とくに注目したいのは、あまり目立たないイトトンボの仲間。これらは他のトンボのように素早くなく、水面に浮《う》かんだ水草や、岸辺の植物のあいだをヒラヒラと飛んではよくとまります。小型ですが、じっくり待てば観察できるでしょう。

人手が加わって守られる自然

体の大きさも、好む環境もちがうトンボが、同じ公園で見られるのは、水辺について工夫されているおかげです。じつは、場所によって水が貯まる深さを変えているのです。そのため、生える植物も

も生まれます。

水辺を自然のままに放置するのが常によいわけではありません。適切に手入れしないと、年月が経つにつれて枯《か》れた植物が堆積《たいせき》して埋まっていき、トンボがすめない乾燥《かんそう》した状態になってしまいます。

洪水をおきるままにして、さまざまな植生をリセットさせるわけにはいかない現代の都市では、人間による管理が必要です。

一方で、多くの都市公園では、人間が使いやすいように年に何度も草を刈《か》っています。これも、生き物の生息環境としては都合がよくありません。もっと生き物に配慮した管理方法へと改善《かいぜん》することが望ましいでしょう。

隅田川のほとりを下流に向かって

公園を抜けると、そこは隅田川の岸辺。近ごろ整備された川沿《かわぞ》いの道を歩いてみます。

秋から春にかけては、ユリカモメの群れに出会います。平安時代の歌人・在原業平《ありわらのなりひら》が隅田川を描《えが》いた短歌「名にしおはば　いざ言問わむ　都鳥　わが思ふ人は　ありやなしやと」の都鳥とは、この鳥のこと。ちなみにミヤコドリという和名のシギの仲間は、黒い体をした別の種類です。

この歌にかぎらず、隅田川をテーマにした能や歌舞伎《かぶき》、小唄《こうた》、浮世絵は数え切れないほど。昔からこの川が行楽の場として人々に親しまれてきた証拠《しょうこ》でしょう。

垂直の「カミソリ堤防」が生まれた理由

隅田川流域は、明治時代以降、工業地帯に変わっていきます。それから1960年代にかけて、隅田川はひどく汚れて、生き物の姿は消えました。同時に大きな影響を与《あた》えたのが地盤沈下《じばんちんか》です。

下町はもともと川に運ばれた土《ど》砂《しゃ》のたまった土地で、地下水を豊富《ふ》に含んでいます。ところが工場が増えて、操業用《そうぎょうよう》に大量に井戸《いど》から汲《く》み上げたために、土地が沈下。とくに隅田川と荒川に挟《はさ》まれた「江東デルタ地帯」では、土地が川より1m以上も低くなり、洪水を防ぐために高い堤防を築きました。いまの隅田川の岸に「カミソリ堤防」とまで呼ばれた垂直の堤

尾久の原公園の環境とトンボの種類

ウスバキトンボ

ギンヤンマ

開けた水面

チョウトンボ

ショウジョウトンボ

草の茂った岸辺

ノシメトンボ

ハラビロトンボ

湿地の草むら

イトトンボの仲間

キイトトンボ

クロイトトンボ

アオモンイトトンボ

防がつづいているのはこのためです。こうして土手の堤《つつみ》と岸辺のヨシ原はすべて消えてしまいました。

巨大な人工放水路・荒川へ

親水遊歩道を下流へ20分ほど歩くと、尾竹橋《おたけばし》に到着《とうちゃく》。このあたりで、隅田川は道路一本を挟んで荒川と隣《とな》り合っています。

カミソリ堤防がつづく隅田川岸

荒川の両岸には、隅田川と違って広い河川敷《かせんじき》が見られますが、これには理由があるのです。じつは、現在、都内を流れる荒川は大正時代に作られた人工河川。明治時代に隅田川が二度も氾濫《はんらん》し、大きな被害《ひがい》を出しました。そこで、もとは隅田川の上流部だった荒川を、現在の北区に岩淵《いわぶち》水門を設け、幅《はば》平均約２００ｍ、全長24㎞の水路を建設し、流れを導いたものです。人工のため１９６４年までは「荒川放水路」と呼ばれていました。

よみがえるヨシ原に帰ってきた生き物

そんな荒川の河川敷《かせんじき》にも、ふたたび自然がよみがえりつつあります。川に運ばれた土砂が岸辺にた

ヨシ原の面積と見られる鳥の種類

45×45m

オオバン

30×30m

オオヨシキリ

25×25m

カイツブリ

まり、植物が生えて生き物がすみつくようになったのです。

西新井《にしあらい》橋《ばし》から上流部にかけての川沿いに、1kmほどつづいているのが千住桜木《せんじゅさくらぎ》地区自然地。河原の多くがグラウンドになっている荒川としては、かなり広いヨシ原が残ったエリアです。夏のオオヨシキリ、冬のオオジュリンをはじめ、

ヨシ原には多くの生き物がすむ。

さまざまな鳥が集まります。

一方、堤防の斜面《しゃめん》は背《せ》の低い草地で、見られる生き物もヨシ原とはちがいます。

鳥ではタヒバリやチョウゲンボウが見られ、エサになる昆虫《こんちゅう》も、バッタのような草地を好む種類。23区内では少ない鳴く虫のカンタンの声が聞かれるのは、同じ草原でもクズが茂《しげ》るような環境です。

「下町最後の水田」を探索

最寄りの足立小《お》台《だい》駅からは、いよいよ23区の低地では最後に残った水田をめざします。日暮里・舎人ライナーで荒川を渡り、車窓《しゃそう》から建物のあいだに畑が見えるようになると高野《こうや》駅に到着《とうちゃく》。

この界隈《かいわい》には昔からつづく農家が少なくありません。黒光りする瓦《かわら》を乗せて、豊かな植え込《こ》みに囲まれた建物を目印にすると農地が見つかるでしょう。

江戸時代には歩いても一時間程度の距離《きょり》に千住《せんじゅ》の青果市場があり、土地も肥《ひ》沃《よく》だったので農村として恵《めぐ》まれた地域でした。千住ナスや千住ネギといった、ブランド野菜も栽培《さいばい》されていたほど。

高野駅のすぐ東にある成田山高野講の祠《ほこら》のとなりで見つけたのはハス田。ハスは水中の泥に根を張るので、イネを育てる水田よりも深い池が必要です。ここは地下水が豊富で、かつては水を大量に使う工場の余り水を利用してハスが栽培されたとのこと。丸く大きな葉が風に揺《ゆ》れ、夏には美しいピンクの花をつけます。

生き物の棲み家としての水田

都営本木《もとき》町アパートを横切り、扇《おうぎ》中央公園と瀧野《たきの》川《がわ》信用金庫扇出張所前の道を南に向かいます。お地蔵さんの祠、大木の生えた農家、野菜やクリの畑が点在し、目を楽しませてくれるでしょう。

江北橋《こうほくはし》通りを渡って道なりに歩いていくと、道路と生け垣《がき》に囲まれた一角が見えてきます。ここが今日のゴール、都内の低地では最後と思われる水田です（足立区扇一丁目）。

トンボや水鳥も見られるハス田

復元された水田は都内各地にありますが、昔から耕作がつづけられてきたものは、23区ではわずか数カ所。この水田も、いまでは農家としてコメの生産はしておらず、近くにある小学校の体験学習の場になっています。

下町の水田は、荒川や利根川などによって作られた広大な低湿地が、人間の活動によって姿を変えたものです。

しかしそこは生き物にとっても絶好の棲み家《すみか》でもあり、４００年以上にわたって、人間と自然の共生を保ちつづけてきました。

江戸最後の水田から学びたいのはこうした関係といえるでしょう。

都内の低地で最後に残った水田

ミニ図鑑

ニホンカワウソの剥製

絶滅した東京の生き物

東京の発展《はってん》とともに、姿を消した生き物がいます。以前はよく見られた種類が一匹《いっぴき》残らずいなくなるのは、すめる環境が根こそぎなくなったことを意味します。それは人間の生活にとっても大きなマイナスです。

ニホンカワウソ

Lutra nippon　イタチ科　日本固有種

尾をのぞく体長約70㎝。川の中下流域《りゅういき》から海岸に生息。魚やエビ・カニなどを食べる。隅田川では、明治時代の中ごろまで目撃された。その後は、毛皮や薬用に乱獲され激減。戦後は水質汚染や護岸工事による生息環境の破壊《はかい》、漁網による溺死《できし》などの原因でさらに減少、1979年に高知県での目撃を最後に絶滅した。

ナベヅル

Grus monacha　ツル科

全長約100㎝。隅田川や荒川流域の水田に冬鳥として渡来《とらい》。稲刈《いねか》り後の水田で落穂《おちぼ》などをあさる。鷹狩り（P74）の獲物として厳重《げんじゅう》に保護されていた。しかし明治以後は規制がなくなり、猟銃《りょうじゅう》の普及や生息地の開発により姿を消す。現在の越冬《えっとう》地《ち》は、鹿児《かご》島県《しまけん》出水《いずみ》と山口県八代《やしろ》に限られる。

ミヤコタナゴ

Tanakia tanago　コイ科　日本固有種

体長50〜60㎜。1909年に、現在の小石川植物園の池で見つかった。繁殖期《はんしょくき》のオスは体色が変わる。湧水が流れ込む池に生息し、

1930年代までは井《い》の頭《かしら》池や善福《ぜんぷく》寺《じ》池《いけ》、神田川水系でも見られた。高度経済成長期に、水質汚染や湧水の枯渇《こかつ》、河川改修が原因で、都内から絶滅。現在は栃木《とちぎ》県と千葉県の数カ所のみに生き残る。

アオギス

Sillago parvisquamis　キス科

体長最大で約30㎝。砂地で遠浅《とおあさ》の海に生息する「江戸前《えどまえ》」の魚。東京《とうきょう》湾《わん》では中川や江戸川の河口が漁場として有名。物音に敏感《びんかん》なので、浅い海に立てた脚立《きゃたつ》から釣る「脚立釣り」が盛んだった。高度経済成長期に激減。1976年を最後に東京湾では絶滅。現在は大分・鹿児島・山口各県の一部にのみ生息。

ゲンゴロウ

Cybister chinensis　ゲンゴロウ科

体長約40㎜。植物の生えた池や沼、水田などに生息。江戸の下町の外側にあった水田地帯では、ごくふつうに姿が見られたらしい。しかし都市化で水田が消え、農薬や生活排水による水質汚染も進んだ高度経済成長期を境に、都内から絶滅。全国的にも激減している。

ハマグリ

Meretrix lusoria　マルスダレガイ科

殻長《かくちょう》は最大で約10㎝。内湾《ないわん》の河口近くなどの、底が砂泥質《さでいしつ》の遠浅の海を好む。縄文《じょうもん》時代から食用にされ、かつては東京湾にも多産。潮干狩《しおひがり》でもよく採れた。埋め立てや水質汚染で激減し、1987年の記録を最後に絶滅。現在は他産地の貝を放流している。

カワウソ
（ニホンカワウソではない）カワウソの仲間が立ち上がると、人間の子どものように見える。

コラム

大江戸妖怪伝

野生の生き物がたくさん暮《く》らしていた江戸《えど》は、どうやら妖怪《ようかい》にとってもすみやすかったのでしょう。さまざまな怪談《かいだん》が伝えられてきました。なかには、生き物が引き起こした現象を、妖怪の仕業としていた例もあるようです。

有名な怪談「本所《ほんじょ》の七不思議」に出てくる「置いてけ堀《ぼり》」。下町に縦《じゅう》横《おう》に走る水路の一つ、錦糸堀《きんしぼり》で釣《つ》りをしたらビックリするほどの大漁に。そろそろ日も暮れたので帰ろうとすると、暗い堀のほうから「置いてけ、置いてけ」という声がするではありませんか。驚《おどろ》いて大慌《おおあわ》てで逃《に》げ帰り、落ち着いたところで魚籠《びく》を見ると、あれほどたくさん釣ったはずの魚が空っぽ。どうやら錦糸堀にすむ妖怪に化かされたようです。

その正体は、絶滅《ぜつめつ》したニホンカワウソだったと考えられます。体長が70㎝ほどもあるので、立ち上がった姿《すがた》をカッパのような妖怪と思い込《こ》むのは無理もないでしょう。カワウソ

歌川国輝「本所七不思議之内　置行堀」
（早稲田大学図書館蔵）

自身も時には人を化かすという言い伝えも各地に残っています。

七不思議の一つ「馬鹿囃子《ばかばやし》」も、動物に関係があるようです。秋の夕《ゆう》暮《ぐ》れにどこからともなく流れてくる祭囃子《まつりばやし》に誘《さそ》われていくと、知らぬ間にぬかるみや藪《やぶ》の中にまで踏《ふ》み込まされてしまいます。これはタヌキの仕業と伝えられていました。

タヌキとよく並《なら》べられるのがキツネ。こちらは、美女に化けて馬糞《ばふん》の饅頭《まんじゅう》や小便の酒を飲ませたり、人に取りついて異常《いじょう》な行動に走らせるといった、悪質ないたずらも少なくないと考えられていたようです。落語「王子の狐《きつね》」では、化けたキツネが見破られ、反対に、人間にだまされてひどい目にあいます。

この王子にある稲荷《いなり》神社には、大晦日《おおみそか》の晩《ばん》に関東一円のキツネが集まると伝えられるエノキの大木がありました。この晩に現れる狐火《きつねび》を見て、人々《ひとびと》はつぎの年の吉凶《きっきょう》を占《うらな》ったといわれます。

キツネは、タヌキに比べて都市化の前には弱かったようです。1920年代には23区内からは姿が見られなくなりました。高度経済《けいざい》成長期以降《いこう》での都内の目撃《もくげき》記録は、西部の山地にしかありません。

ヒキガエルは土の中から怪《あや》し火《び》を吐《は》き、それが道端《みちばた》などでチラチラ燃えているのも見えたと伝えられます。人魂《ひとだま》をメタンガスで再現する実験も成功していることから考えると、同じような現象だったのでしょう。

雨の降《ふ》るような音がするのに姿は見えないのが、妖怪「隠《かく》れ座《ざ》頭《とう》」。これは体長5㎜ほどのチャタテムシが、障子《しょうじ》などにとまって出した音が、大きく反響《はんきょう》して聞こえたようです。

もちろん江戸の人たちも、こうした妖怪を恐《おそ》れていました。しかし反面、それほど大きな危害《きがい》も加えないので、その存在《そんざい》を面白がっていたようすもあります。

歌川広重「名所江戸百景　王子装束ゑの木」（国会図書館蔵）

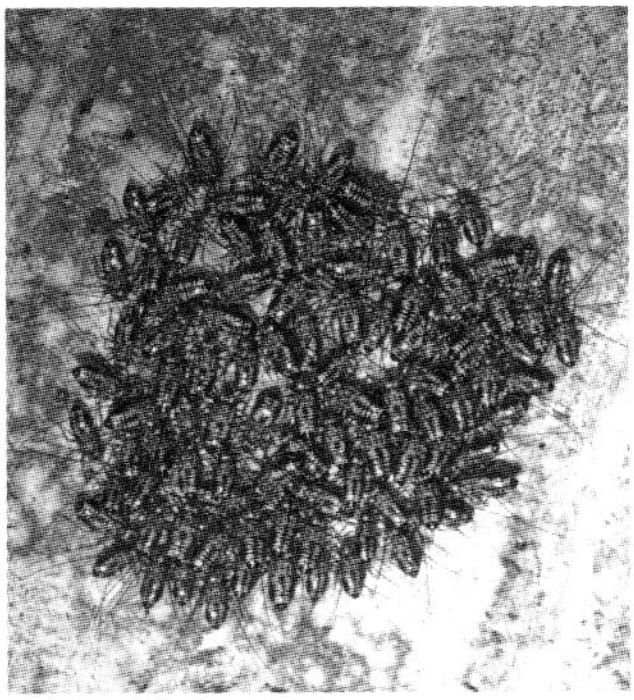

チャタテムシの一種

コラム

鷹狩りが守った!? 野鳥の楽園・江戸

現代にも伝わる放鷹術の実演
（公益財団法人東京都公園協会）

時代劇《じだいげき》を見ていると、将軍《しょうぐん》や大名がタカを飼っていることがあります。オオタカなどを慣らしてあやつり、獲物《えもの》を捕《と》える「鷹狩《たかが》り」を行うためです。娯楽《ごらく》として生き物を狩るのは残酷《ざんこく》に見えるかもしれません。

ところが、じつは鷹狩りが、江戸の生き物を保護するのに重要な働きをしていたのだから驚きです。

鷹狩りは古墳《こふん》時代からつづく伝統的な狩猟《しゅりょう》で、天皇《てんのう》や公家《くげ》を中心に盛《さか》んに行われました。しかし江戸時代になると、徳川将軍家《しょうぐんけ》と有力大名以外には禁じられてしまいます。

その理由は、野山で大勢の人を動かす狩りが合戦の訓練にもなり、幕府《ばくふ》に対抗《たいこう》される恐れのあったことが一つ。もう一つは、捕《と》らえた獲物を忠実《ちゅうじつ》な家来にだけ与《あた》えて、主従《しゅじゅう》のつながりを強くするために使われたからです。

とくにツルは特別でした。将軍は年の初めに獲《と》った4羽をまず天皇に献上《けんじょう》。ほかには徳川御三家《ごさんけ》の当主や跡継《あとつ》ぎと、前田家、島津家《しまづけ》、伊達家《だてけ》といった有力大名の当主にだけ与えました。

鷹狩りに欠かせないのは、たくさんの獲物が生息できる環境《かんきょう》。大勢の武士と家来が参加するので、見通しのよい広い場所も必要です。この条件にあったのが、下町の外側に広がっていた水田地帯や、山の手からつづく武蔵野《むさしの》の草原や雑木林でした。

よく知られた鷹狩りの場は、山の手ではおとめ山や駒場《こまば》（目黒区）、

歌川広重「江戸名勝図会　駒場野」
（国立国会図書館蔵）
鷹狩りに適した草原があった。

広尾《ひろお》（渋谷区）、下町では亀有《かめあり》、小松川、千住《せんじゅ》、三河島など。いずれも農村でしたが、鷹狩りは秋から冬の農閑期《のうかんき》に行われたので、農業の邪魔《じゃま》にはなりません。

　これらの地域《ちいき》では、鳥や獣《けもの》の狩猟が固く禁じられており、違反《いはん》した者は死罪《しざい》になることもあったほど。それだけでなく、鷹狩りの期間は、大きな音を出したり、犬を放し飼いにしたり、カカシを立てたりすることさえも禁止されていたのです。

　獲物の保護や管理のための「鳥見《とりみ》役《やく》」という監視《かんし》も置かれていました。浮世絵《うきよえ》には、冬の水田に渡《わた》ってきたタンチョウと、これを餌付《えづ》けする人物が描《えが》かれています。

　この結果、野鳥にとって江戸の周辺は楽園だったようです。鳥のなかには、ツルの仲間やコウノトリ、トキ、マガン、ウズラなど、現在の日本では絶滅危惧種《きぐしゅ》になっている種類までいました。

　幕末《ばくまつ》から明治にかけて来日した欧《おう》米《べい》の生物学者は、都市の近くでも大きな鳥がたくさん見られるような、自然の豊かさに驚いたそうです。

　しかし、こうして保護されていた鳥も、明治維新《いしん》によって徳川幕府が倒《たお》れ、鷹狩りが廃止《はいし》されると、あっという間にいなくなってしまいました。庶民《しょみん》にも鉄砲《てっぽう》が普及《ふきゅう》して乱獲《らんかく》されるとともに、市街地が急速に広がったためと考えられています。

歌川広重「名所江戸百景　蓑輪金杉三河しま」
（国立国会図書館蔵）
現在の台東区から荒川区にかけても鷹狩り場だった。

ウズラ
古くから親しまれた鳥だが、草原の減少で絶滅危惧種に。

自由研究

東京のセミを最短で完全制覇するには？

ミンミンゼミの羽化

東京を代表する生き物は、セミかもしれません。中心部のビル街でもうるさいほどのセミが鳴く都市は世界的に珍《めずら》しいのです。

ヨーロッパでは、アルプス山脈より北にいるセミはごくわずか。ロンドン、パリ、ベルリンの人々の多くは、セミの存在さえ知りません。

オスのセミが腹《はら》の筋肉《きんにく》を一秒間に何万回も震《ふる》わせ、その振動《しんどう》が空洞《くうどう》になった部分に伝わって、あれほど大きな音が出ることも、信じられないそうです。

東京の23区には6種類のセミがいます。しかし、一か所で全種類を見るのは、なかなかの難問《なんもん》です。

アブラゼミ

「ジリジリジリ…」と鳴き、都内にはどこにでもいる代表的な種類。じつは世界的にみると、茶色い翅《はね》をもつセミは珍しいのです。

ミンミンゼミ

「ミーンミンミン…」という声は、いまの山の手ではよく聴《き》きます。しかし、筆者が子どもだった1960年代の新宿・大久保では、まったく見かけませんでした。大阪《おおさか》では、いまでも街中にはほとんどいないそうです。

ツクツクボウシ

「オーシーツクツク…」という声は都内全体で聴けますが、多くなるのは8月から。以上3種は、緑のある公園なら都心でも出会えるセミです。

ニイニイゼミ

「チィーー…」いう小さな鳴き声が特徴《とくちょう》。緑地を好み、街中の小さな公園ではあまり出会えません。梅雨のはじまる6月から現れ、8月にはいなくなるので、気づかないことも多いでしょう。

ヒグラシ

「カナカナ…」という声は人気がありますが、23区で聴けるのは、緑が多い世田谷区を除《のぞ》くとわずか。ただ、旧大名屋敷《やしき》では出会う確率が高いようです。現れるのは7月の梅雨ごろから。夕方だけでなく、早朝や夕立の前に急に気温が下がったときにも鳴きます。

クマゼミ

「シャンシャン…」という声が、東京でも聞かれるようになったのは最近のこと。神奈川県《かながわけん》よりも西にいたものが、植木の根についた土とともに運ばれたようです。その証拠《しょうこ》に、よく見られるのは、平和島、葛西臨《かさいりん》海《かい》公園などの埋《う》め立て地や、代々木《よよぎ》公園のような植栽《しょくさい》された木の多い場所。鳴くのは午前中だけです。

東京のセミを最短で全種制覇《せいは》するルートを考えてみましょう。7月後半に、大きな都市公園の近くにあるような新宿御苑《ぎょえん》、明治神宮、自然教育園、有栖川宮《ありすがわのみや》記念公園、小石川後《こいしかわこう》楽園《らくえん》庭園、六義《りくぎ》園《えん》といった、旧大名屋敷に午前中から出かけます。

まず公園でクマゼミをクリア。ミンミンゼミとアブラゼミは楽勝ですが、ニイニイゼミと気の早いツクツクボウシの声をいっしょに聴くには運が必要です。ヒグラシは夕方にならないと鳴かないので、それまではセミの抜《ぬ》け殻《がら》を探《さが》したり、涼《すず》しい場所で休んだりしましょう。

暗くなってきたら、抜け殻がたくさんあった茂《しげ》みや枝の周りに注意すると、セミの羽化を見られます。

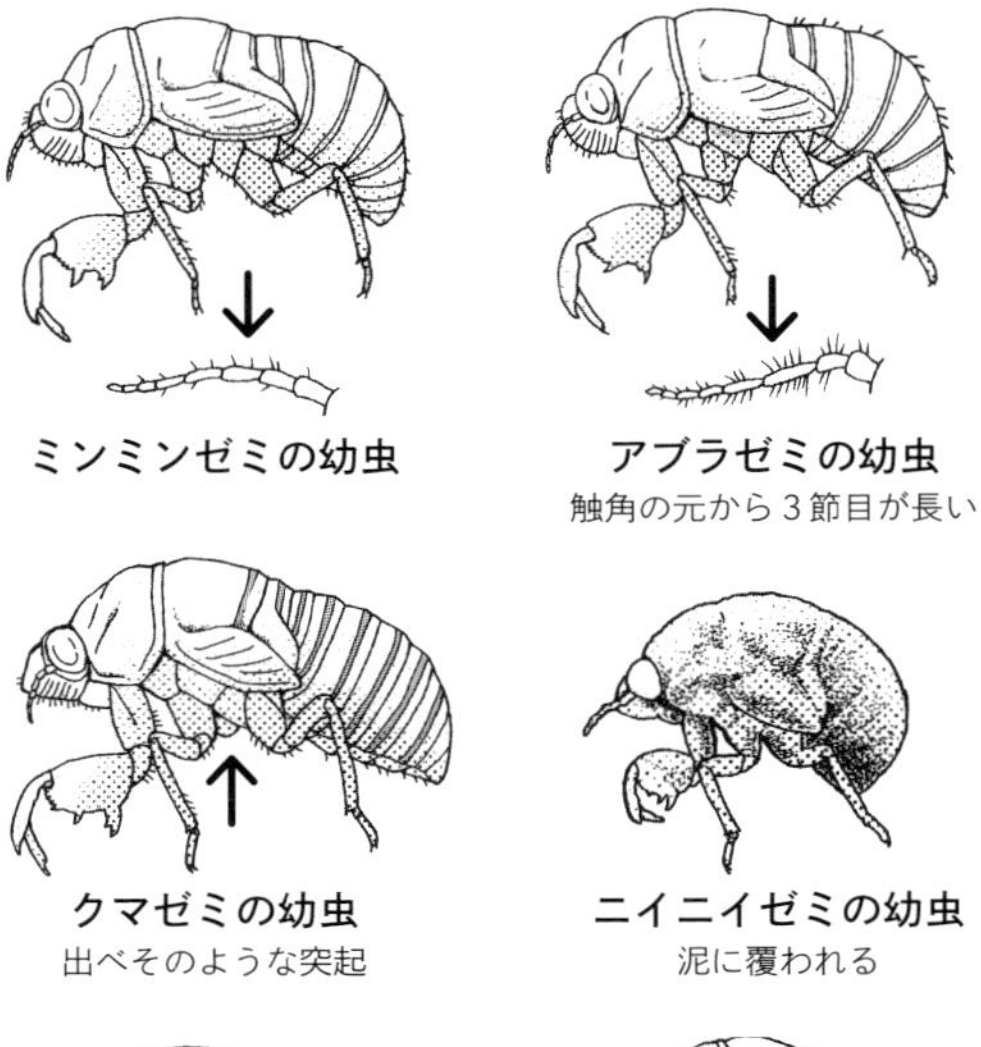

アブラゼミの幼虫
触角の元から3節目が長い

ミンミンゼミの幼虫

ニイニイゼミの幼虫
泥に覆われる

クマゼミの幼虫
出べそのような突起

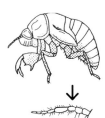

ヒグラシの幼虫

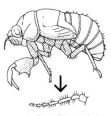

ツクツクボウシの幼虫
触角の元から3節目が長い

第3章

チョウが飛び交う都心の原生林めぐり

原生林というと、屋久島や白神山地のような人里離れた場所にあるのがほとんどです。だから、東京23区にも原生林がある、しかもあちこちで成長中、といったらびっくりするかもしれません。まずは壮大な計画のもとにつくられた明治神宮の杜と、周囲から隔てられ新種の宝庫となった皇居を訪ねます。そして1万年にわたる森の歴史と、チョウの変化がわかる国立科学博物館附属自然教育園を案内します。

国立科学博物館附属自然教育園

この章に登場する生き物

ミズイロオナガシジミ

ムラサキシジミ

アオスジアゲハ

ツマグロヒョウモン

トウキョウコシビロダンゴムシ

オニヤンマ

ホシベニカミキリ

ヒグラシ

ゲンジボタル

ヒバカリ

ヒナカマキリ

アオバズク

テングチョウ
アカタテハ
ヒメウラナミジャノメ
コジャノメ
ヒカゲチョウ
アカシジミ
ウラナミアカシジミ
ムラサキツバメ
ヤマトシジミ
ミヤマセセリ
アゲハチョウ
クロアゲハ
モンキアゲハ
カラスアゲハ
ジャノメチョウ
ツマキチョウ
キタキチョウ
コムラサキ
ルリタテハ
コツバメ

ヒオドシチョウ
アカボシゴマダラ
チャドクガ
ヤブミョウガスゴモリキバガ
アメリカシロヒトリ
ヒロヘリアオイラガ
カブトムシ
ヒラタクワガタ
オオミズスマシ
アオオサムシ
オオヒラタシデムシ
ノコギリクワガタ
ルリカミキリ
リンゴカミキリ
センチコガネ
ヤマトタマムシ
アオマツムシ
ベニイトトンボ
アオヤンマ
マユタテアカネ

リスアカネ
ヤブヤンマ
クロイトトンボ
コサナエ
ホッケミズムシ
コオイムシ
シマアメンボ
オオアメンボ
フイリワラジムシ
トウキョウハヤシワラジムシ
ミカドカザリヒワダニ
ササラダニ
オカダンゴムシ
クマムシ
ミカドチョウメイムシ
ミカドミミズ
クロボクミミズ
ミナミメダカ
ニホンアマガエル
アズマヒキガエル

ニホンアカガエル
トウキョウダルマガエル
ツチガエル
ウシガエル
オシドリ
ヤマガラ
オオタカ
サンショウクイ
サンコウチョウ
フクロウ
キジ
カワセミ
アオゲラ
コゲラ
アズマモグラ
タヌキ
ニホンリス
ノウサギ

入門コース

明治神宮

100年がかりの「神宮の杜」計画とは?

23区内の照葉樹林《しょうようじゅりん》で、最もアクセスしやすいのは明治神宮です。原宿の繁華《はんか》街《がい》に面し、初詣《はつもうで》ばかりでなく、平日も国内外の観光客でにぎわっています。

南参道の入り口広場のまわりにそびえるのは、鳥居が隠《かく》れるほどの巨木《きょぼく》。境内に進むと、照葉樹がおおいかぶさる緑のトンネルがつづきます。

面積は約70haと、皇居《こうきょ》の約3分の１にも当たる規模《きぼ》です。生き物も多く、２０１１〜13年に行われた鎮座《ちんざ》１００年を記念する「明治神宮境内総合調査」では、植物、キノコ、変形菌《へんけいきん》から昆虫《こんちゅう》、鳥、哺《ほ》乳類《にゅうるい》にいたるまで、約２８４０種が確認《かくにん》されました。

明治神宮は、明治《めいじ》天皇《てんのう》と皇后《こうごう》の昭憲皇太后《しょうけんこうたいごう》を祀《まつ》るために１９２０年に建てられた神社。社を囲む広大な森もそのときに植えられまし

枯れて朽ちた倒木に落ちた実から芽生えた木。

た。つまり、最初はまったくの人工林だったのです。

そんな緑がどうやって23区で指折りの生物の宝庫《ほうこ》に変身することができたのか、その100年の秘《ひ》密《みつ》を探《さぐ》ってみましょう。

武蔵野《むさしの》に作られた照葉樹林

明治神宮も、武蔵野台地の一部にあります。大昔は照葉樹林におおわれていたものの、縄文《じょうもん》時代以《い》降《こう》は切り開かれ、草原や雑木林の広がる時代が続いたようです。

江戸《えど》時代には、彦根《ひこね》藩《はん》井伊《いい》家《け》の大名屋敷《やしき》「千田ヶ谷《せんだがや》御屋敷《おやしき》」がおかれていました。広さは18万坪《つぼ》（約60ha）もあり、いまも残る「清正井《きよまさのいど》」という湧《わ》き水が近隣《きんりん》の水田をうるおしていたそうです。

明治時代、大名屋敷は国に返還《へんかん》され、皇室《こうしつ》の御料地《ごりょうち》になります。しかし庭園は受けつがれ、現在の明治神宮内苑《ないえん》や、ハナショウブ園を設けた御苑へと続いています。

ここに明治神宮が建てられたのも、皇室ゆかりの地だったからでしょう。

遷移《せんい》の力を利用した100年計画

明治神宮は、神社にふさわしい「永遠の杜《もり》」を造るという計画からはじまりました。神社への信仰《しんこう》では、森を「杜」と呼《よ》んで聖《せい》なる場所として扱《あつか》うことがあります。「鎮守《ちんじゅ》の杜」という樹林《じゅりん》が残されている例も少なくありません。

明治神宮の杜に求められたのも、

明治神宮

●東京都渋谷区代々木神園町１-1
開門／日の出（5:10-6:40）から
日没（16:00-18:30）御苑は16:30閉門
入苑料／無料・御苑は大人500円
☎ 03-3379-5511（社務所）
最寄駅／南参道：JR山手線原宿駅・地下鉄明治神宮前〈原宿〉駅から徒歩１分
北参道：JR山手線代々木駅・地下鉄代々木駅または北参道駅から各徒歩７分
西参道：小田急線参宮橋駅から徒歩5分

参拝《さんぱい》する人がおごそかな気持ちになれる、堂々《どうどう》として奥深《おくぶか》い雰囲気《ふんいき》です。

とはいえ、最初から巨木が植えられていたわけではありません。当時は交通も未発達で、ほとんどの作業を人間の手で行っていたため、たくさんの巨木を運んで植えつけるような計画は不可能でした。

では、どうするか？　当時の林学、農学、造園などの専門家《せんもんか》たちが立てたのは、もともとあったと考えられる照葉樹林を目標に、100年以上かけて森を育てるという計画。

植物が遷移（P95）する力を利用して、やがて枯《か》れるのが予想される木を神社の風致《ふうち》を整えるように植え、同時に照葉樹を植えて、ゆっくりと交代させていくわけです。やがて照葉樹の落とした種が芽生え、ずっと世代交代しつづける「永遠の杜」が実現するはず、という計画でした。

しがみついた生き物、復活した生き物

長い時間をかけて造られた照葉樹林ですが、その目的はあくまでも鎮守の杜。生き物の生息環境《かんきょう》を維持《いじ》するためではありません。それにもかかわらず、いまでは生き物の宝庫となっています。

調査報告によると、昆虫ではチョウが43種。ミズイロオナガシジミ、テングチョウといった森林性の種類が目立ちます。参道の落ち葉や枯れ枝を林内へ戻《もど》しているおかげで、これをエサにするトウキョウコシビロダンゴムシ、カブトムシなどの土壌動物も豊富。彼《かれ》らは枯れた木を分解する掃除《そうじ》屋でもあります。

鳥類は133種を確認。特徴《とくちょう》はオシドリやヤマガラといった森林性の鳥が多いことです。オオタカのつがいがすみついて繁殖《はんしょく》をはじめたのも注目されます。

こうした生き物のなかには、かつて武蔵野の林や草地、水辺に生息していたと考えられるものが少なくありません。とくに移動力が小さい種類は、森が成長していく

ミズイロオナガシジミ

明治神宮の遷移の計画

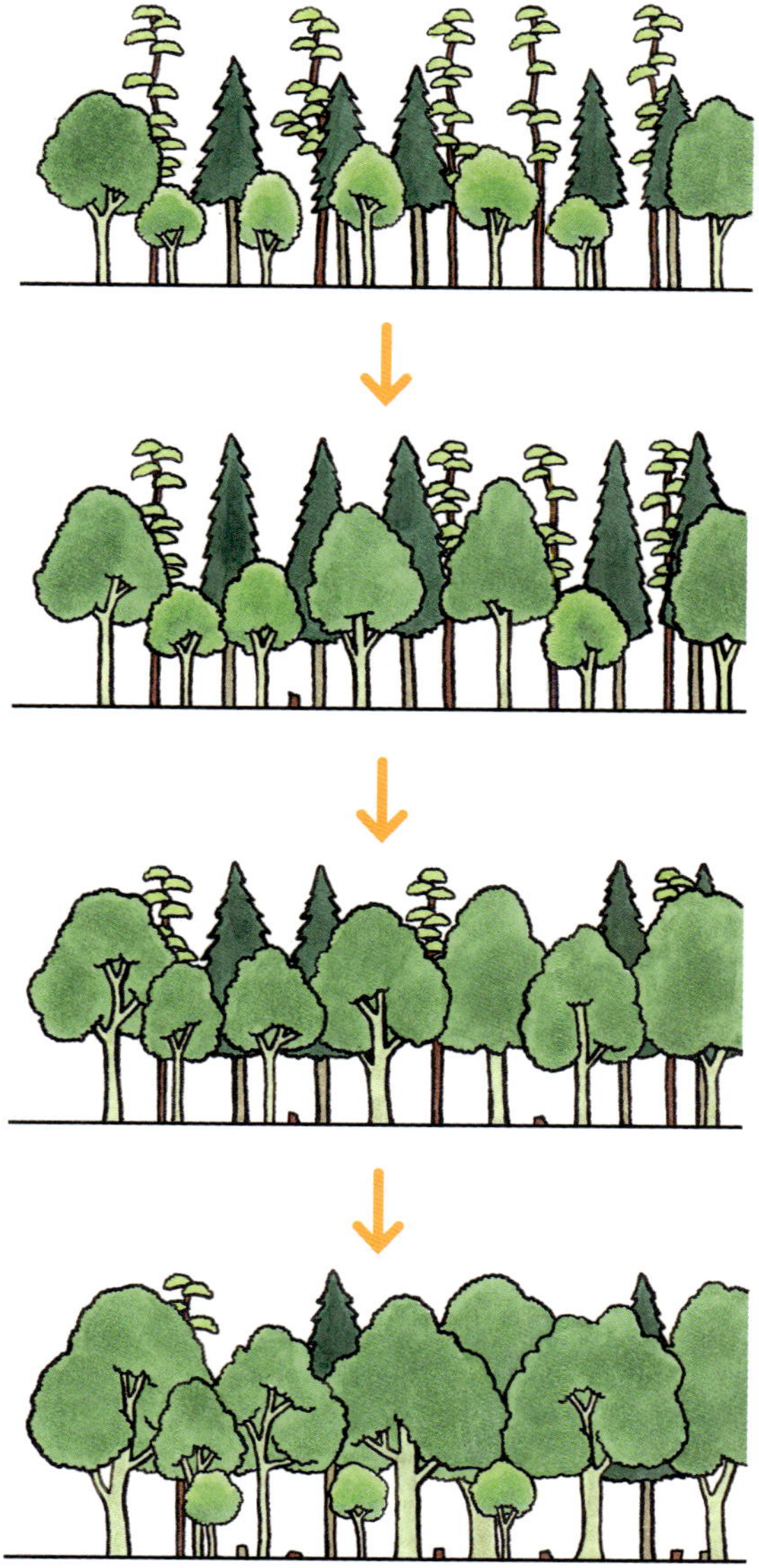

①
マツを中心とした林に加え、やや背の低いヒノキ、サワラ、モミなどの針葉樹を植え、さらに低いシイ、クス、カシ類といった照葉樹を配置。

②
数十年後には、ヒノキやサワラが成長し、追い越されて日陰となったマツは、しだいに枯れてゆく。

③
下から成長したシイ、クス、カシが、針葉樹に追いついて森の主役となり、原生林に近い状態に。

④
100年以上はかかるという専門家たちの予想に反し、植えられて70年ほどたった1990年代には、計画達成に近いほど照葉樹が成長。

オオタカ

あいだも、残された環境にしがみつくように暮《く》らしていたのでしょう。アズマモグラや在来のダンゴムシ、池で発見されたミナミメダカなどがその代表です。

　一方で、一度は姿《すがた》を消した生き物が、森が豊かになるにつれて戻ってきた例もあります。タヌキやオオタカ、森林性のシジミチョウといった、空を飛べたり、緑地をつたうなど、移動力が大きい種類です。これらは皇居や自然教育園でも復活しました。大都市の中にも緑地が飛び石のようにあれば、移動ルートになるようです。

森があるだけでは生きられない

いなくなってしまった生き物も確認されました。周囲から雑木林や草原がなくなるにつれ、ニホンリスやノウサギなどは姿を消したようです。アカタテハやヒメウラナミジャノメのような林縁《りんえん》や草原を好むチョウも見られません。

　サンショウクイやサンコウチョウといった夏鳥が繁殖しなくなったのは、エサになる昆虫が減少したせいでしょう。また、巣が作れそうな大木の樹洞《じゅどう》があっても、フクロウは生息できないようです。これは、エサとなるネズミやカエルのすむ里山の環境がないためと考えられます。

　これらからわかるように、森を造りさえすれば、豊かな自然が取り戻せるわけではありません。明治神宮の場合、周辺に自然が残っていたからこそ、生き物が逃《に》げこめたり、そこをつたってやってくることができたと考えられます。

　自然が完全に失われた埋立地《うめたてち》のような環境だったら、たとえ100年たっても、これだけの生き物がすみつく森はできなかったでしょう。

　都市に自然を呼び戻すためには、人間の英智《えいち》や努力はもちろんですが、やはり自然の力がなくてはならないことを、明治神宮の森は教えてくれます。

入門コース

皇居

東京の中心で新種をつぎつぎ発見!!

東京23区で生き物がいちばん豊かな場所はどこでしょう? 確認《かくにん》されている種類数、そこにしか生き残っていない希少種の存在《そんざい》、自然環境《かんきょう》が多様であること……さまざまな条件がありますが、群を抜いているのは皇居です。お堀端《ほりばた》から見ても、うっそうとした森が茂《しげ》り、ビル街の中に浮《う》かぶ緑の島のよう。

皇居は総面積231ha。東京ドームが49個も入る広さです。天皇《てんのう》の住む宮殿《きゅうでん》があり一般《いっぱん》参賀を除《のぞ》いて立ち入れない吹上御苑《ふきあげぎょえん》、江戸城《えどじょう》本丸《ほんまる》の石垣《いしがき》が残る東御苑《ひがしぎょえん》、広い芝《しば》生《ふ》の皇居前《こうきょまえ》広場がある外苑《がいえん》、日本武道館のある北の丸公園の4つのエリアがあります。

吹上御苑には、シイやカシが茂る照葉樹林、武蔵野《むさしの》の名残がある雑木林、徳川家の居城《きょじょう》になる前からある道灌濠《どうかんぼり》といった豊富な自然があると知られていました。

その詳細《しょうさい》が明らかになったのは２０００年と比較的《ひかくてき》最近のこと。国立科学博物館が１９９６年からはじめた調査結果の報告が、注目を集めたのです。

最新の２０１４年の報告によると、確認された動物の種類は、タヌキのような哺乳類《ほにゅうるい》から、体長１mmに満たないクマムシも含《ふく》めて４２８７種にのぼります。日本で確認《かくにん》されている動物は約６０００種といわれているので、その約14分の１もの種類が、日本の総面積の１６４００００分の１しかない皇居《こうきょ》にすんでいることになるのだから驚《おどろ》きです。

なぜこれほど多様な生き物がいるのでしょうか？　その秘密《ひみつ》は皇居の歴史にあるようです。

堀と石垣で守られた自然

皇居の前身である江戸城は約３００年にわたり、徳川将軍家《しょうぐんけ》の本拠地《ほんきょち》。もともとは武蔵野台地の端《はし》が岬《みさき》のように浅い海に突き出していました。最も高い場所は地主山とよばれ、標高は約33mあります。家康はこの地形を利用して何重もの石垣を築き、日本橋川や神田川の流れを変えて（P50）さらに守りを固めます。

こうした土台の上に、天守閣《てんしゅかく》（１６５７年の明暦《めいれき》大火で焼失）や館、庭園、城門《じょうもん》が造られ、現在の皇居の原型ができました。ただし、館や庭園の配置は時代によって変わります。広い芝地《しばち》のほかに水田もあったそうです。

明治になると、江戸城は徳川家から新政府に明け渡され、天皇の住まいである「皇居」に名前を変えます。新たな宮殿や施設《しせつ》、庭園などがつくられました。

昭和（１９２６〜１９８９年）には、生物学者としても名高い昭和天皇の「生物学御研究所」が新設。１９３７年ごろからは天皇の意向で庭園の手入れを最小限にして、なるべく自然のままにしておくようになります。

つまり、現代まで手つかずのように見える皇居の自然は、太古《たいこ》からあった姿そのままではなく、この80年ほどで成長してできたものだったのです。

希少な生き物の都内最後の生息地

では、皇居にはどんな生き物がいるでしょう。

ほとんど手つかずで残されてきた道灌濠は、岸辺にはヨシやガマ、水面にはハスやヒシが茂り、トンボや水生昆虫には最適の生息地。33種ものトンボが確認されるなかで、23区ではほとんどいなくなった、ベニイトトンボやアオヤンマ、コサナエのような種類が発見されたのは注目です。水生昆虫のオオミズスマシやホッケミズムシ、コオイムシといった、絶滅危惧種も生き残っていました。

水草の茂る池を好むコサナエ

雑木林を好むアカシジミ

吹上御所《ごしょ》の中の自然は、いくつかのエリアに分かれています。まずはシイやカシをはじめとする照葉樹林。昼でも暗く枯葉《かれは》が厚く積もった地面は湿度《しつど》が保たれた、土《ど》壌《じょう》動物の絶好の棲《す》み家《か》です。枯葉の下にいるのは、トウキョウコシビロダンゴムシやフイリワラジムシといった在来種ばかり。移入種のオカダンゴムシやワラジムシはほとんど確認されていません。
クヌギを主体とした雑木林は、植物の造詣《ぞうけい》も深かった昭和天皇の「都心から遠ざかってしまった武蔵野の自然をよみがえらせたい」という意向どおり、植栽《しょくさい》したり自然に生えてきた植物を管理しているエリア。
昆虫類が豊富で、地面にはアオオサムシやオオヒラタシデムシが歩き回ります。クヌギの樹液《じゅえき》にはカブトムシやノコギリクワガタのほか、自然が豊かな林を好むコジャノメ、ヒカゲチョウといったチョウも珍しくありません。23区内では少ないアカシジミやウラナミアカシジミも生息しています。おかげで昆虫をエサとするアオバズクも暮らせるのでしょう。

皇居は新種の宝庫だった！

調査によって皇居で発見された新種の生き物も少なくありません。ガの仲間では、幼虫がヤブミョウガの葉に潜《もぐ》り込《こ》むヤブミョウガスゴモリキバガもその一つ。生命力が強いことで知られるクマムシの仲間の新種・ミカドチョウメイムシは、地面に生えたコケにすんでいました。

土のなかで暮らす土壌動物には新種が多く、ミカドミミズやクロボクミミズなど4種類のフトミミズ、トウキョウハヤシワラジムシなど2種のワラジムシ、ミカドカザリヒワダニと名づけられたササラダニの仲間のほか、3種類のジムカデが見つかっています。

これらの生き物には、移動力が小さい種類が少なくありません。石垣や堀に隔《へだ》てられつつも、豊かな環境が長いあいだ保たれていたので、絶滅《ぜつめつ》せずに生きながらえてきたと考えられるでしょう。

皇居では、生息環境を守るため、植物の維持《いじ》管理に細心の注意を払《はら》っています。通常は農薬を使わず、伸《の》びた枝と草は、最小限しか刈《か》り込まれません。

枯れたり倒《たお》れたりした木も、園路や建物に影響《えいきょう》がないなら放置。やむなく伐採《ばっさい》した場合も、短く切って目立たない場所に積み上げ、昆虫や土壌動物のエサ、棲み家にして、土に還《かえ》るのにまかせます。

豊かな自然からも消える生き物

しかし一方で、面積が狭《せま》い閉《と》ざされた環境ということもあり、いなくなった生き物も見られます。

水辺が多くカエルにはすみやすいはずですが、見つかった在来種は樹上性《じゅじょうせい》のニホンアマガエルと、地表性《ちひょう》のアズマヒキガエルの2種類のみ。ニホンアカガエルやトウキョウダルマガエル、ツチガエルは確認されませんでした。どうやら水辺から離れられない彼らは、体の大きな移入種・ウシガエルの餌食《えじき》になってしまったようです。広い環境があればすみ分けられても、外界から隔離《かくり》され狭い皇居では移入種が在来種に与《あた》える影響も大きいと考えられます。

また、樹木《じゅもく》が成長して暗い環境が増えたせいか、明るい草地を好むキジは減少、浅く明るい水辺で繁殖するマユタテアカネやリスアカネといったトンボも減りました。

　こういう変化は、生き物の調査をつづけることで把握《はあく》されているため、今後の管理に生かされていくことでしょう。

タイムカプセルだった皇居

　皇居の自然には、都内の他の場所では見られない生き物が、数多く生息していることがわかりました。これは何を意味しているのでしょうか。

　移り変わりの激《はげ》しかった東京では、さまざまな生き物が姿を消しています。そのなかには、人間に知られる前に絶滅してしまった種類もいたに違《ちが》いありません。しかし皇居だけは、まわりから切り離され、彼らの生息環境が残されていました。最近の調査で新種として発見されたのは、そこで生きのびてきた生き物たちなのです。

　もしも将来《しょうらい》、東京に豊かな自然が取り戻《もど》せたとしても、そこに住める生き物がすでに絶滅していたら、復元するのは不可能です。

　それを保存《ほぞん》してきた皇居は、まさに東京の自然を未来に伝えるためのタイムカプセルといえるでしょう。

　うれしいことに皇居の自然は、まったく遠ざけられているわけではありません。毎年4月〜5月に吹上御苑で自然観察会が開催《かいさい》されています。

皇居吹上御所での自然観察会

●皇居吹上御苑（東京都千代田区千代田1-1）
開催／4月下旬〜5月初旬の休日・2日間各3回
対象／中学生以上1回当たり30人・1日は70歳以上のみ対象
申込み／往復はがきに所定の事項を記入
☎ 03-3213-1111（宮内庁管理部管理課企画係）
http://www.kunaicho.go.jp/event/kansatsukai/kansatsukai.html

アオマツムシ

コラム

街路樹が頼り ニューフェイスの昆虫たち

街路樹《がいろじゅ》は、夜のイルミネーションのように町に彩《いろど》りを添《そ》えているだけのようにも見えます。

生き物にとっては葉や枝がエサになり、梢《こずえ》が棲《す》み家となるため、りっぱな生態系《せいたいけい》の一部。都市の自然として忘《わす》れてはならない存在《そんざい》です。

東京にある街路樹は約１００万本といわれます。種類はさまざまですが、本数でのベストテンを紹介しましょう。

第1位　ハナミズキ

アメリカ原産で、花も紅葉《こうよう》も美しいのが人気。２００４年にはこの名前の歌がヒット。

第2位　イチョウ

10年ほど前にはハナミズキに７０００本以上の差をつけてトップ。

第3位　ソメイヨシノなどサクラ類

１８７４年に銀座《ぎんざ》通りに日本で最初の街路樹として植えられて以来、根強い人気をキープ。

第4位　トウカエデ

馴染《なじ》みがうすいけれど、江戸《えど》時代に中国から渡来《とらい》した落葉樹《らくようじゅ》。秋には赤く紅葉。

第5位　スズカケノキ

プラタナスという名前でも知られる。明治中頃に渡来し、１９８０年代までは街路樹の代表として、１位の座《ざ》を守る。

第6位以下は、ケヤキ、クスノキ、マテバシイ、ヤマモモといった日本の在来種が健闘《けんとう》。ヤナギは、かつて東京の街路樹のほとんどを占《し》め、歌謡曲《かようきょく》にまで歌われていた時代に比べると、すっかり少なくなりました。

街路樹の変化に影響《えいきょう》を受けるのは、主に昆虫《こんちゅう》です。そもそも街路樹は、昆虫に食べられにくい性質が求められますが、それをものともせず、旺盛《おうせい》な食欲《しょくよく》を見せる種類がいるのです。

ハナミズキにつくのは、**ヒロヘリアオイラガ**の幼虫《ようちゅう》。トゲには毒があり、うっかりさわると激痛《げきつう》が数時間も続くので恐《おそ》れられています。

この虫は、1970年代までは九州から南でしか確認されていません。ところが現在では、東京まで北上しました。食樹《しょくじゅ》のハナミズキが増えたのが原因との説があります。

ヒロヘリアオイラガの幼虫

幼虫がマテバシイの葉を食べる、チョウの**ムラサキツバメ**も分布を拡《かく》大中《だいちゅう》。こちらも西日本にだけいたものが、2000年ごろから急に東京でも見つかり始めました。関西で育てられた植木のマテバシイについていた卵《たまご》や幼虫が、そのまま関東に運ばれてすみついたようです。

ムラサキツバメ

海外からの移入種も見られます。夏の終わりの夕方に、プラタナスやサクラの梢で「リーリー」と大きな声で鳴くのは、体長3～4㎝ほどのコオロギの仲間・**アオマツムシ**。明治末期に中国大陸南部からもちこまれました。街路樹には競争相手の昆虫がいなかったので、戦前にはすでに東京にすみついています。

しかし太平洋戦争の際のアメリカ軍による空襲《くうしゅう》で東京は焼け野原に。街路樹も半数以上が焼けました。さらに戦後には、やはり移入種であるアメリカシロヒトリの幼虫が大発生。街路樹に大量の農薬がまかれたため、アオマツムシまでほとんどいなくなりました。

ところが1970年ごろになると、東京西部の青梅市付近にわずかに生き残っていたアオマツムシが、街路樹づたいにふたたび都市へ進出します。その後わずか10年ほどで都心へカムバック。

最近では移入種による被害《ひがい》がよく取り上げられています。しかしアオマツムシの場合は、自然の豊かな環境では生息できず、日本の昆虫への甚大《じんだい》な影響は見つかっていません。「風情がない」ときらう人もいるものの、すぐに駆除《くじょ》をする必要もないようです。単純に「移入種＝悪」と決めつけることも、都市の自然を見る目を曇《くも》らせてしまうでしょう。

解説

東京の原生林を探せ！

原生林《げんせいりん》といえば、沖縄《おきなわ》のやんばるや九州の屋久島《やくしま》、東北の白神山《しらかみさん》地《ち》といった、都市から遠く離《はな》れた場所にあるものがほとんどです。東京23区の「手つかずの原生林」というと、伝説の未確認《みかくにん》生物を探《さが》すくらい不可能にも思えます。果たして見つけられるのでしょうか。

東京は照葉樹の原生林だった

これを探すには、まず東京の原生林がどんな状態なのかを知らなければなりません。じつは専門家《せんもんか》の研究によって解明されています。それが「潜在自然植生《せんざいしぜんしょくせい》」です。

これは、ある地域《ちいき》から人為的《じんいてき》な影響《えいきょう》がなくなったとしたらどんな植物が生えているのかを推測《すいそく》したものです。

東京の潜在自然植生は照葉樹林《しょうようじゅりん》で、山の手はカシの仲間、下町はシイやタブノキを中心にしていたと考えられています。

都会の緑は原生林がふるさと

照葉樹林には大きな特徴《とくちょう》があります。それは冬でも葉を落とさない常緑《じょうりょく》の広葉樹《こうようじゅ》であること。葉につやつやした光沢《こうたく》があるのでこの名で呼《よ》ばれます。実は都会のなかでもよく見られる植物が少なく

日本の潜在自然植生

環境省自然環境局ホームページを元に作図

ありません。

　クスノキは、成長が早いうえに排気《はいき》ガスに強く、春に赤く芽吹《めぶ》くさまが美しいので、街路樹によく使われます。海岸近くの埋立地《うめたてち》に植えられる例が多いのはタブノキ。赤い実をつけるヤマモモ、大きなドングリの実るマテバシイもよく目にします。

　庭木ではツバキやサザンカ、ヤツデやアオキがおなじみです。生《い》け垣《がき》にはマサキやイヌツゲ、ネズミモチのほか、赤い葉の「レッドロビン」という品種が人気のカナメモチも増えてきました。

　オモトやカンアオイといった林の下生《したば》えになるような植物も、古くから園芸品種として改良され、鉢植《はちう》えとして人気があります。

　年中行事のなかでも、お正月に

鉢植えを飾《かざ》るマンリョウやカラタチバナ、お供《そな》えにも使われるユズリハやウラジロ、節分の鬼除《おによ》けに飾るヒイラギなどは、どれも照葉樹林に起源《きげん》をもつ植物です。

東京をはじめ日本の大都市の多くは、照葉樹林帯があった場所に発達したので、これらの植物が育つ気候や風土の条件は最適。暗い森のなかでも生育できるので、日当たりの悪いビル街や住宅地《じゅうたくち》、時には室内でも耐《た》えられます。落ち葉に悩《なや》まされることもありません。

ビル街でも暮らせる？照葉樹林の生き物

こうした条件が揃《そろ》ったため、いまの東京でも、かつて照葉樹林にすんでいた生き物を見られます。

たとえば、ビル街の街路樹の梢《こずえ》や、フェンスにからんだヤブカラシの花などに飛んでくるアオスジアゲハ。幼虫《ようちゅう》はクスノキやタブノキの葉を食べます。緑化が進むにつれて生息数も増え、いまでは東京でよく見かけるチョウになりました。筆者が新宿区で昆虫《こんちゅう》採集をしていた1960年代ごろは、見かけるのが年に数回だったのと比べると信じられません。

タブノキが好きなホシベニカミキリも増殖中《ぞうしょくちゅう》。赤い体に黒い点のある日本のカミキリムシらしくない姿が、昆虫ファンに人気です。カナメモチの生け垣が増え、これを食べるルリカミキリやリンゴカミキリも目立ちはじめました。

ムラサキシジミは、アラカシが食樹《しょくじゅ》です。東京では1970年代に姿を消しましたが、その後に復活。秋になると、光沢のある翅《はね》を輝《かがや》かせて梢などを飛んでいます。

アオスジアゲハ
日本から熱帯アジアにかけて広く分布。

ホシベニカミキリ
タブノキの葉や枝をかじるので害虫として扱われる。

なかには厄介《やっかい》な種類もいます。ツバキやサザンカばかりの公園でチャドクガの幼虫が大発生。子どもが刺《さ》されて大きな被害《ひがい》が出たことはニュースになりました。

畑も原生林に変える「遷移」のパワーとは？

照葉樹林が復活する兆《きざ》しもあります。土地が本来もっている、原生林の状態へ移り変わっていく「植生遷移《しょくせいせんい》」の力が働いているからです。

たとえば畑のように地面が掘《ほ》り返されて土がむき出しになっても、ずっとその状態でいるわけではありません。一年もしないうちに草が生えます。はじめの数年で丈《たけ》の低い種類の草から遷移していき、ススキのような背《せ》の高い種類に交《こう》替《たい》します。

やがて草原には、クワやクサギといった日当たりのよい場所を好む低い木が生え、つづいてクヌギやコナラなどの背の高い落葉広葉樹へ遷移していきます。

こうした林が成長すると、いよいよ常緑のカシやシイといった照葉樹の登場です。

葉が落ちないこれらの木の下は日当たりが悪くなるため、日光を好むクヌギやコナラのドングリは、地面に落ちても芽を出せません。やがて落葉広葉樹が子孫を残せずに枯《か》れていき、のびてきた照葉樹に追い越《こ》されると、遷移のゴールです。その後はずっと照葉樹林が続いていきます。

ここまでに最短でも100年以上、自然条件によってはその数倍かかる場合もあるでしょう。

先にあげた潜在自然植生は、こうした変化のいきつく姿を推測したもの。それを利用したのが明治神宮の森（P80）です。

都内でも成長している原生林

林の遷移は、東京でも観察できます。公園や緑地などで大きく育ったクヌギやコナラの下には、カシやヒサカキといった照葉樹が生えはじめていることもしばしば。なかには落葉広葉樹に負けないほどにまで育っている照葉樹も目立ちます。

この変化は、日本中の林で進行中。その理由のひとつが、雑木林を利用しなくなったことです。

大昔から1960年代までの農業では、石油や化学肥料を使っていません。燃料のマキや炭、堆肥《たいひ》にする落ち葉や低木のためには、広い面積の雑木林が必要でした。それでも不足気味だったので、木は大きくなる前に伐《き》られ、落ち葉もすべてかきとられていました。遷移が進むどころか、ハゲ山になってしまった場所があちらこちらに見られたそうです。

そんな時代に比べたら、いまは雑木林が原生林へ遷移していくのを邪魔《じゃま》するものはありません。専門家からは「日本の森林は過去2000年間でもっとも豊かな状態」という意見も出るほどです。

同じように東京の緑も、原生林への道を歩みはじめています。公園や緑地では、基本的には木を切ることがないからです。かつての大名屋敷《やしき》からマツが消えて、照葉樹のシイやカシに替わっていったのもこのためです。

わざわざ遠くまで探しに行かなくても、原生林はすぐ近くで成長しつつあるといえるでしょう。

原生林は手つかずの自然ではなかった

ここまで読んで「なんだ、やっぱり東京23区に『原生林』はないのか」と、がっかりする人もいるかもしれません。でも人間の手が一度も入ったことのない森は、かなりの山奥《やまおく》に行っても見つけるのが困難《こんなん》です。やんばるや屋久島、白神山地の森でさえも、古くから伐採《ばっさい》されて利用されてきたことがわかっています。

また日本は、山火事、洪水《こうずい》、津《つ》波《なみ》、土砂崩《どしゃくず》れ、火山の噴火《ふんか》、台風といった災害が多い国。いまはりっぱな原生林がある場所でも、屋久島や富士山青木ヶ原《あおきがはら》のように、一時は災害のためにまったく木が生えない環境《かんきょう》になっていた例も少なくありません。

つまり、完全に変化のない原生林などほとんどないのです。そう考えると、いま復活しつつある照葉樹林を観察し、その過去と未来の姿を想像することも楽しくなってくるでしょう。

東京には、成長しつつある照葉樹林が観察できる場所がたくさんあります。いずれも23区のほかの環境では見ることができない生き物の宝庫《ほうこ》でもあるのです。

ミニ図鑑

都市の原生林にすむ生き物

オシドリ

オシドリ

Aix galericulata　カモ科

体長45㎝。日本全土で見られるが、短い渡《わた》りもするため、東北地方以北では夏鳥、西日本では冬鳥。オスはカラフルで大きなイチョウの葉のような羽が特徴《とくちょう》。メスは地味。森林の水辺を好み、大木の樹洞《じゅどう》で繁殖《はんしょく》するが、敵が接近できない場所なら地上にも卵を産む。仲のよい夫婦のシンボルだが、じつは毎年ペアの相手を変える。23区の庭園の池などでも、周辺が森におおわれていれば、目にする機会は少なくない。

アオバズク

Ninox scutulata　フクロウ科

体長29㎝。日本全土に夏鳥として4~5月ごろに渡ってくる。越冬地《えっとう》はマレー諸島《しょとう》やインドシナ半島。平地から山地の森、大木のある社寺林や緑地にすみ、樹洞でヒナを育てる。夜行性で、飛んでいるガなどの昆虫を捕《と》らえ、ときには小鳥やネズミもエサにする。昆虫が多ければ郊外の市街地でも暮《く》らすことができるが、23区で繁殖しているものはごくわずか。樹洞のある大木が減ったのも、減少の原因の一つ。

ヒグラシ

Tanna japonensis　セミ科

翅《はね》をふくむ全長約47㎜。6〜9月に現れ、日の出や日の入り前、気温の低いときなどに「カナカナカナ…」と鳴く。「寒蝉」「冬蝉」とも呼ばれ、俳句《はいく》では秋の季語とされるが、実際には梅雨《つゆ》の時期から鳴く。広葉樹《こうようじゅ》やスギなどの林を好み、都市化が進んだ地域《ちいき》からは姿を消す。23区では、自然がよく残る場所にしか生息していない。成虫にはセミヤドリガが寄生する。北海道南部から奄《あま》美《み》大島《おおしま》までの、平地から山地に分布。

ゲンジボタル

Luciola cruciata　ホタル科　日本固有種

体長10〜18㎜。5〜7月に現れる。よく対比されるヘイケボタルより大型で、渓流《けいりゅう》を好む。オスとメスは尻《しり》の発光器《はっこうき》を光らせて求愛する。幼虫は淡水性《たんすいせい》の貝のカワニナを食べる、世界的には珍《めずら》しい水生のホタル。江戸には多くの産地があったが、水質汚染《おせん》や河川改修で激減《げきげん》。現在、23区で自生しているのは数カ所のみ。本州・四国・九州に分布。

ヒバカリ

Hebius vibakari　ナミヘビ科　日本固有種

体長40〜60㎝。褐色《かっしょく》の体で腹側はクリーム色、口先から首にかけて同じ色の帯がある。かつては毒蛇《どくへび》と考えられ、名前も「咬《か》まれるとその日ばかりの命」に由来しているが、実は無毒でおとなしい。平地から低山にかけての林にすみ、水辺で小魚やカエル、オタマジャクシなどを食べる。獲《え》物《もの》が豊富だった水田や水路が東京で減ったため姿を消しつつある。本州・四国・九州に分布する。

オニヤンマ

Anotogaster sieboldii　オニヤンマ科　日本固有種

体長90～110㎜。日本全土に分布するトンボの最大種。平地から山地の細くゆるやかな小川にすむ。オスは流れに沿《そ》って低い位置で行き来している。メスには長くとがった産卵弁《さんらんべん》があり、飛びながら川の底に突《つ》き刺《さ》して卵を産む。幼虫は水質のよい、砂《すな》や泥《どろ》の底の川を好み、羽化《うか》するまで最長で5年かかる。23区では、小川が埋《う》め立てられたり、三面をコンクリートで固められたりしたため、生息地はごくわずか。

ヒナカマキリ

Amantis nawai　カマキリ科

体長15～20㎜。成虫は8～11月に見られる。日本のカマキリのなかでは飛び抜《ぬ》けて小型で、翅が退化している。照葉樹林の地表にすみ、落ち葉のあいだをすばしこく歩き回る。エサは小型のハエなど。晩秋《ばんしゅう》には、ツノが生えたような形の5㎜ほどの卵嚢《らんのう》を、落ち葉の裏や木の幹などに産みつける。23区では、自然がよく残った照葉樹林だけで見つかる。東北地方の一部をのぞく本州と、四国・九州に分布。

メインコース

一万年にわたる森の変化

国立科学博物館附属自然教育園

東京の潜在植生の一つであるスジダイ

高級住宅街のなかの森

23区内にはわずかしか残されていない照葉樹林。見られるのは、皇居《こうきょ》のようにいつでも入れるわけではない場所だけだと思われがちですが、じつは意外なほど身近に照葉樹林があったのです。

高級住宅街として知られる港区白金。その街の真ん中にある国立科学博物館附属《ふぞく》自然教育園（以降《いこう》、自然教育園）こそ、都内でももっともよく保存《ほぞん》された照葉樹林が見られる場所です。

面積は皇居の10分の1以下ですが、１４７３種の植物、２１３０種の昆虫、１３０種の鳥が記録されており自然の豊かさではひけをとりません。その貴重《きちょう》さのため、１９４９年に国の天然記念物および史跡《しせき》に指定されました。

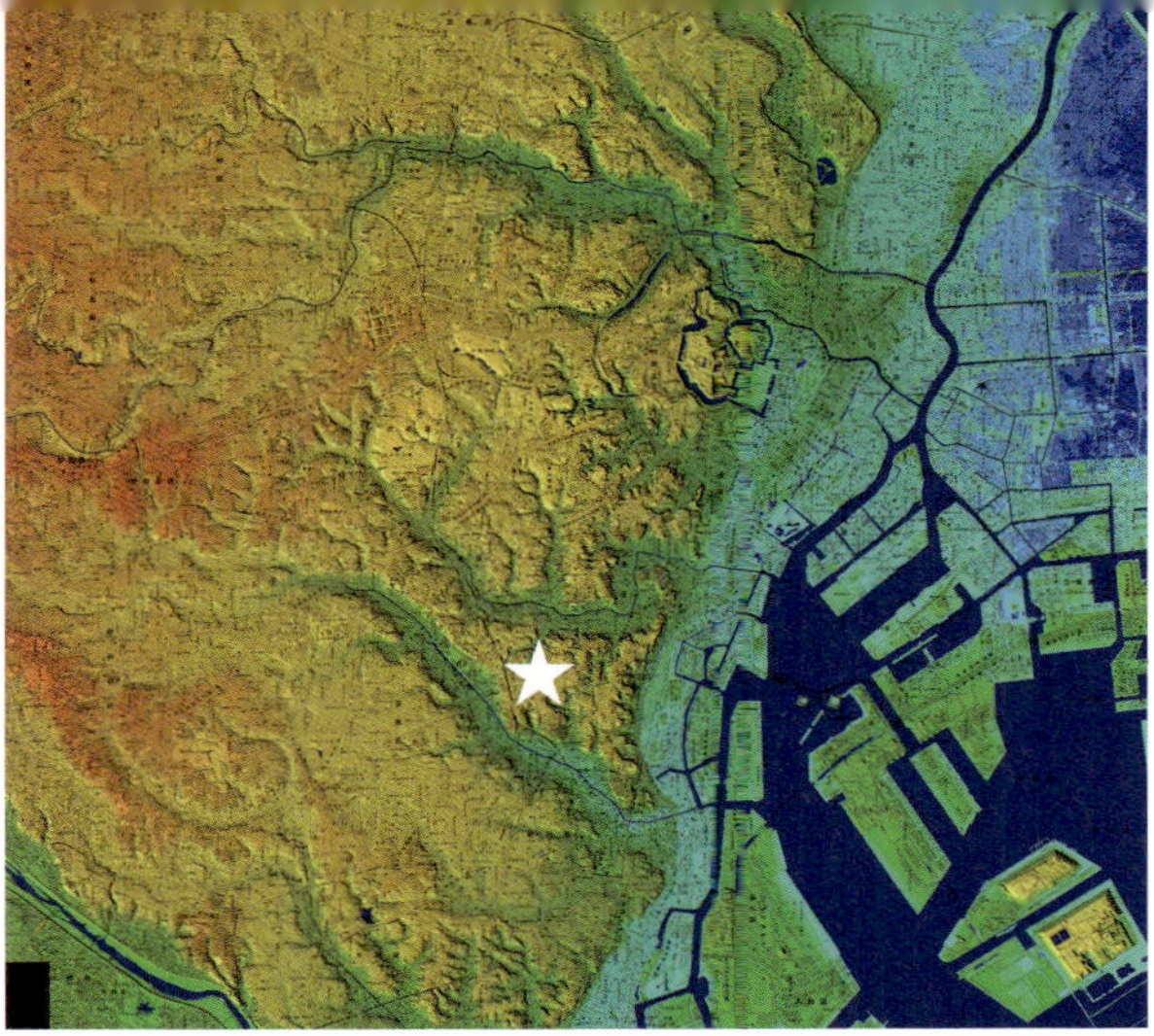

☆が自然教育園。約6000年前は黄緑色の部分まで海だった。国土地理院「デジタル標高地形図　東京区部」より部分。

一万年前から移り変わってきた自然

自然教育園の照葉樹林は、これまで一度も手つかずだったわけではありません。

ここは武蔵野《むさしの》台地の端《はし》である淀《よど》橋台《ばしだい》に位置し、渋谷川と目黒川にはさまれています。約一万年前に氷河期が終わると、温暖化《おんだんか》によって海面が上昇《じょうしょう》。約６０００年前の縄文《じょうもん》時代には、台地のすぐ下までが海でした。園内からも縄文土器とともに貝塚《かいづか》が見つかっています。潜在植生《せんざいしょくせい》である照葉樹林におおわれていたのは、この時代と考えられます。

約１２００年前からの平安時代になると、こうした森は切り開かれて、武蔵野の草原や雑木林が広がっていたようです。染料《せんりょう》にするムラサキの栽培《さいばい》が盛んだったのは、こうした環境に適した植物だからでしょう。

約６００年前の室町時代に一帯を支配したと伝えられるのは、地名の由来にもなった豪族《ごうぞく》「白金長者」。その館を囲んでいたという土塁《どるい》（土手）の名残りが、いまでも園内に見られます。

江戸《えど》時代には、高松藩松平家《たかまつはんまつだいらけ》の大名屋敷。回遊式《かいゆうしき》の庭園が設けられ、「物語の松」「おろちの松」「ひょうたん池」が当時の面影《おもかげ》を残します。おそらく、多くの大名屋敷と同様、よく手入れされたマツ林が多かったのでしょう。

明治時代には陸海軍の弾薬庫《だんやくこ》が作られ、立ち入り禁止区域《くいき》に。このころから人間の手があまり入らなくなったため、照葉樹林へ回復していったようです。大正時代に皇室《こうしつ》の御料地《ごりょうち》になり、朝香宮邸《あさかのみやてい》（現在の庭園美術館）が建てられたほかは、大部分が教育や研究のための演習林となっています。

太平洋戦争中には、食糧難《しょくりょうなん》のために田畑にされたり、空襲《くうしゅう》を避《さ》ける防空壕《ぼうくうごう》が掘られたりして荒廃《こうはい》。終戦後、天然記念物および史跡指定と同時に、自然教育園として手厚く保護されるようになりました。

このように長い歴史のなかで、さまざまな要素をもつ森ができあがりました。とくに照葉樹林は、23区で見られるもののなかではもっとも潜在植生に近い姿を残していると考えられています。

自然について学べる森

自然教育園は、自然を深く知り理解することを目的に保護管理されている場所です。そのために、自然を学べる展示《てんじ》や活動は盛《も》りだくさん。入口そばの教育管理棟《かんりとう》では、パネルや画像、ジオラマ、標本があり、園内の自然や生き物の生態を解説しています。

園内には注目のポイントに解説板があり、季節が変わるたびにリニューアルされるので、予備知識がなくても生き物を見つけやすいでしょう。公式ホームページには毎週、生き物情報が紹介《しょうかい》されているので、観察のタイミングを逃《のが》すこともありません。

さらに定期的に自然観察会も開《かい》催《さい》され、専門家の解説を受けなが

国立科学博物館附属自然教育園

●東京都港区白金台5-21-5
開園／9:00-16：30（9月1日-4月30日）
9:00～17:00（5月1日-8月31日）
入園定員／１日300人
休園／毎週月曜日（祝日の場合は火曜）・祝日の翌日（土日の場合は開園）・年末年始
入園料／310円（65歳以上・18歳未満・高校生以下無料）
☎ 03-3441-7176（自然教育園）
最寄駅／JR山手線「目黒」駅東口から徒歩9分
東急目黒線「目黒」駅中央口から徒歩9分
地下鉄「白金台」駅から徒歩７分

ら生き物を探せます。子どもも参加でき、申《もう》し込《こ》みの必要もないので、気軽に出かけてみましょう。

昼でも暗い照葉樹林

では、自然教育園を歩いてみましょう。

園内に入ると、道の両側に曲がりくねった巨木《きょぼく》が並《なら》んでいます。

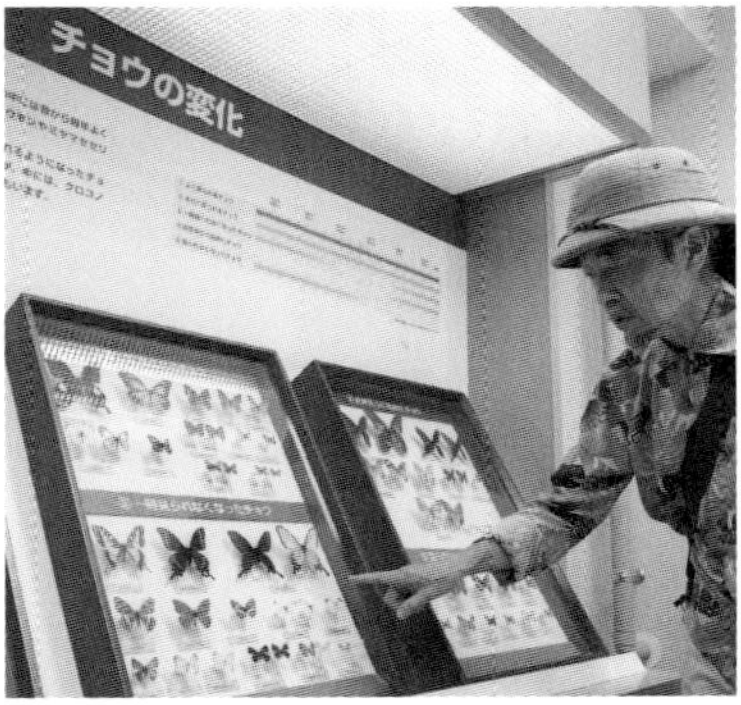

園内の自然や変化の歴史がわかる展示。

照葉樹のスダジイです。土塁の上に多くあり、樹齢《じゅれい》はいずれも400年以上。ここに大名屋敷が建てられた1664年ごろにはもう大きく育っていて、庭園を取り囲んでいたことでしょう。

冬にも葉を落とさないスダジイの大木は日光を遮《さえぎ》るため、根元は一年じゅう暗く、木々の落ち葉も厚く積もって湿度《しつど》が保たれています。こうした環境には、乾燥《かんそう》に弱いトウキョウコシビロダンゴムシやヒナカマキリといった、照葉樹林の在来種が生き残ってきました。いずれも23区では数カ所でしか確《かく》認《にん》されていない貴重な種類。落ち葉の下やまわりに注目しましょう。

道を進んでいくと、今度は背の低い「路傍《ろぼう》植物園」がつづきます。ここでは低木が刈《か》り込まれ、明るい環境が保たれているので、かつては道端《みちばた》でよく目にした花々に出会うことができます。そこへモンキアゲハやカラスアゲハといった、大型のチョウが訪《おとず》れます。

大名屋敷の名残を伝えるマツ林

水飲み場やベンチのある広場から道が二手に分かれます。右手にのびる、大名屋敷の名残を伝えるコースへ進みます。マツ林がはじまるあたりに、当時植えられたという大木「物語の松」がそびえています。

大名屋敷の庭園には、枝ぶりがよく、めでたい植物とされる針葉《しんよう》樹《じゅ》のマツが好まれました。丘陵地《きゅうりょうち》に多いアカマツと、海岸沿《かいがんぞ》いに見

物語の松

られるクロマツがあり、「物語の松」は後者です。

自然教育園のマツは時代とともに少なくなっています。開園直後の1950年には、木の半分近くは針葉樹でした。それが40年後には、400本以上あったクロマツは約3分の2に、300本以上あったアカマツにいたっては6分の1にまで減少しています。なぜこんなことが起きたのでしょうか？

これは、林の遷移《せんい》によるものと考えられています。江戸時代のマツ林は庭園として落ち葉をかき取ったり、低木を刈り取ったりと手入れされていました。また戦中戦後には、燃料を求めて人が入り、落ち葉や下生《したば》えを採取していたようです。そのため、シイやカシといった照葉樹林へ遷移することなく、マツ林が保たれていたのでしょう。

ところが自然教育園になってからは、「林は手つかずのままにおく」という方針《ほうしん》のため、手入れされていません。マツの下から生えた照葉樹が成長していき、交代するようにマツが枯れていった、というわけです。

人間が自然にどう手を加えるかによって、林のようすが大きく変わることを「物語の松」は見てきたのです。

チョウが物語る自然の変化

明るい環境ではチョウを探してみましょう。近年の自然教育園で確認されているチョウは57種。この数は皇居を抜き、23区トップの杉並区《すぎなみく》全体に匹敵《ひってき》するほどです。

種類が多いばかりでなく、開園から現在までの変化が調査・記録されていることも貴重です。開園当時は48種のチョウが確認されていました。しかしミヤマセセリ、コツバメ、ジャノメチョウなど16種類は1950年代なかばにいなくなっています。このうち、ヒオ

消えたチョウ　増えたチョウ

絶滅した種類

コツバメ

ミヤマセセリ

復活した種類

ヒオドシチョウ

ウラナミアカシジミ

新たに現れた種類

アカボシゴマダラ

ツマグロヒョウモン

ドシチョウ、ツマキチョウ、コムラサキなどが復活しましたが、4種類は絶滅したようです。

　なかには、40年以上姿を消していたあとに復活した種類もいます。いもりの池付近にあるコナラの雑木林で、梅雨入り前に現れるアカシジミやウラナミアカシジミもそんな種類です。

　いなくなった種類はいずれも、雑木林や草原といった、人が手入れをつづけないと維持《いじ》できない環境にすんでいたものばかり。開園後に自然が守られるようになって進んだ遷移の影響を受けたのでしょう。

　ちなみに、近年のほうが種類数が多く見えるのは、アカボシゴマダラのような国外移入種や、食草・食樹の移植によって分布を広げたツマグロヒョウモン、ムラサキツバメといった種類が増えたため。これには都市の温暖化も関係しているとも考えられます。

「自然は手つかずにしておけば守られる」とは言い切れないことを、チョウの変化が表しているようです。そして長いあいだ記録しないと、変化がわからないことも教えてくれます。

ホタルも残る豊かな水辺

　ひょうたん池を左側に見ながら先に進みます。園内には小さな谷があり、かつては池が掘られて、流れ出る小川が渋谷川につながっていました。その自然を生かしたのが水生《すいせい》植物園です。コンクリートで固められていない水辺はヨシにおおわれ、夏にはミソハギやヌマトラノオといった湿地性《しっちせい》の花が咲《さ》きます。園内で繁殖《はんしょく》するカワセミを見られることもあるでしょう。

　ここでは、ヤブヤンマやクロイトトンボをはじめ、23種もの多彩《たさい》なトンボが生息。また、東京都では絶滅危惧種《ぜつめつきぐしゅ》とされるシマアメンボやオオアメンボも水面を泳ぎ回っています。

　水生植物園につづく流れでは日本最大のトンボ・オニヤンマが行き来しているのに出会うかもしれません。この流れに23区からはほとんどいなくなったゲンジボタルが生息するのは驚《おどろ》きです。

　こうした水生昆虫がすめる環境を保つため、水辺の植物には最小限の手入れが行われています。ヨシが茂《しげ》りすぎて水面をおおってしまうと、開けた環境を好む種類のトンボがいなくなるからです。

生き物に悪影響《あくえいきょう》を与《あた》えないことを確かめながら、ヨシを一本ずつ抜《ぬ》いていくのは大変な作業でしょう。こうした努力は、都市のなかの自然という限られた環境で、多くの生き物が暮らせるようにするためには欠かせません。

水生植物園の先にある武蔵野植物園は、明るい環境が保たれ、ジロボウエンゴサク、ツリガネニンジン、フシグロセンノウといった、武蔵野でかつてはよく見られた植物が保存されています。

なかでもトラノオスズカケは、もともと四国や九州にしか生えていない植物。これは、高松藩主《はんしゅ》で生物学好きな大名として知られる松平頼恭《まつだいらよりたか》が、科学者の平賀源内《ひらがげんない》に命じて四国から移植させたとも伝えられています。約50年間も姿を消していましたが、土の中に残っていた種子からよみがえりました。

変わりつづけていく森

夏の夕方、閉園《へいえん》時間が近づいてきたら耳をすませてみましょう。「カナカナカナ…」という物の寂《さび》しげなヒグラシの鳴き声が聞こえてきます。このセミも緑が豊かなところでないと生息できず、23区で声が聞ける場所はごくわずか。

自然教育園の森はつねに変わりつづけています。最近でも、以前は珍《めずら》しかったキツツキのアオゲラの繁殖を確認。一方、アズマヒキガエルはまったく確認されなくなりました。森をねぐらにするカラスが増え、食べられてしまったとも考えられています。

東京の自然は、微妙《びみょう》なバランスの上に成り立っています。豊かに見える自然教育園の森もその例外ではないのです。

バタフライガーデンを作ろう

街で見られるチョウの多くは、幼虫が街路樹や庭木、道ばたの草などを食べています。こうした植物を庭やベランダに植えておくと、成虫が飛んできて、卵を産むかもしれません。

イラスト以外では、パセリ、パンジー、オオアラセイトウ（ショカッサイ）などがおすすめです。

もちろん、農薬などはかけないように注意してください。

チョウがよく蜜を吸う花には、この他にブッドレア、フジバカマ、アベリアなどがあげられます。どんな花によく来るか、観察してみましょう。

ダンゴムシの土作りを観察しよう

土の中にすむ土壌動物は、枯れ木や落ち葉を食べて細かく分解し、土に変えています。彼らの働きがどれくらいなのか、どんな公園でも見つかるオカダンゴムシで確かめてみましょう。

下のイラストのような容器にオカダンゴムシを入れて落ち葉を与えます。葉の種類は、ケヤキ、エノキ、コナラなど。厚い葉は食べにくく、薄いとすぐボロボロになって食べた量がわかりません。葉の好き嫌いも調べてみましょう。

暑さや乾燥には弱いので、日陰に置いて湿度を保ちます。軽くフタをしておくと良いでしょう。

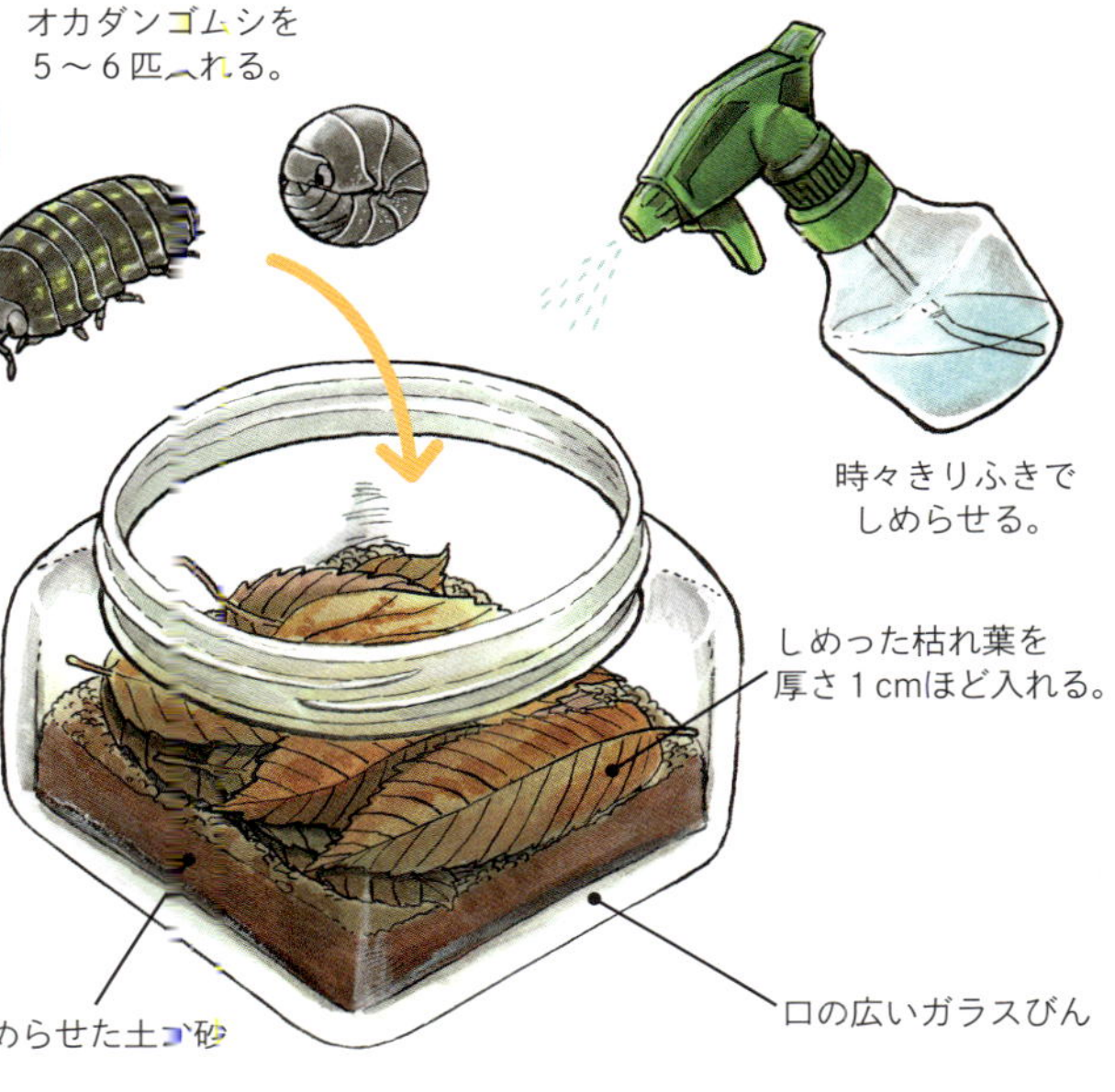

どれくらい落ち葉を食べたか
時々とり出して調べてみる。

コラム

「老化」した緑が生き物を守る？

ヤマトタマムシ

「生態系」というと、豊かな自然にしかないように思われるかもしれません。しかし、生き物の「食べる―食べられる」関係に注目すれば、東京のような大都市でも見つけることができます。

　こうした関係のなかでも忘れられがちなのは、枯《か》れた植物や動物の死体を片《かた》づけて、植物の養分に変える「分解者」の存在です。代表格であるハシブトガラス（P18）が、ゴミを荒らす悪者としか考えられていないように、その重要さはあまり理解されていません。

　分解者を見ようと思ったら、ちょっと注意しながら観察してください。あちこちで仕事をしているのに出会うでしょう。緑の多い公園ではペットの飼い主がマナー違反《いはん》で残していったフンを、センチコガネやエンマコガネといった糞虫《ふんちゅう》たちがせっせと片づけてくれます。ダンゴムシが落ち葉を細かく砕《くだ》き、それをミミズが食べるおかげで、豊かな土が作られます。カブトムシの幼虫も、れっきとした分解者です。

カブトムシの幼虫

　木の分解者としてはクワガタムシもあげられます。こちらが食べるのは、カシ類などの朽《く》ちた部分。上野動物園の切り株《かぶ》からは、ヒラタクワガタも見つかりました。

さらに、街路や公園の枯れた枝や幹には、意外な分解者がすんでいます。それはヤマトタマムシ。彼らの幼虫が食べる木は、ケヤキ、エノキ、サクラ類、カシ類といった、都市の公園や街路樹によく植えられる種類です。幼虫は木の勢いが衰《おとろ》えたり、枯れたりした部分をトンネルのように食べ進み、ボロボロにして土に還《かえ》りやすくします。

現代の東京に多い、植えられて半世紀以上経ったような木には、枯れた枝が目立ちますが、まさにヤマトタマムシには最適の環境。老木の多い明治神宮や皇居北《こうきょきた》の丸公園、ときには山の手の住宅街《じゅうたくがい》でも、その姿が観察されています。

とくにエサとして重要視《じゅうようし》されそうなのがソメイヨシノです。江戸時代末に開発されたサクラで、成長が早く花のつきも良いため、明治時代以《い》降《こう》に盛《さか》んに植えられてきました。ところがこの木は寿命《じゅみょう》が短く、戦後すぐに植えられた木は老化が進んでいます。

東京の木々が老化していることの恩恵《おんけい》を受けているのは、昆虫ばかりではありません。これをエサとする鳥のなかにも、数を増やしているものが目立ってきました。

コゲラは小型のキツツキです。街中の公園や街路樹でも、木の幹をはい回るように上り下りして、樹皮《じゅひ》の下にいる幼虫をつつき出しています。

コゲラ

ところがこの鳥、１９８０年代までは23区内で普通に見られる種類ではありませんでした。それどころか、いまより自然が豊かだったはずの１９３０年代にはすでに郊外《こうがい》でしか見られないという記録もあるほど。

どうやらコゲラは、老化が進んでエサの豊かになった都市の緑に適応して、勢力を伸《の》ばしてきたようです。

こうした分解者にとって欠かせない枯れ枝や枯れ木ですが、公園や街路の美観を損ね、利用者や歩行者には危険《きけん》であるため、片づけられることがほとんど。分解者たちの食料はなくなってしまうわけです。

東京の生き物のメンバーから、分解者がいなくなってしまったら、ゆがんだ生態系しか残りません。生き物のために枯れ枝や枯れ木を残している皇居のような、ゆとりをもった緑の管理が望まれます。

第4章

江戸前の生き物がよみがえる埋め立て地めぐり

寿司・天ぷら・蒲焼……江戸料理に海の幸は欠かせません。その多くがとれた江戸前の海も、度重なる汚染と埋め立てで生き物が激減してしまいました。けれど、海のもつ生命力が失われたわけではありません。葛西臨海公園と東京港野鳥公園で少しずつよみがえる自然を見て、“東京湾の河口で最大の干潟”多摩川河口干潟で自然本来の力を感じられるコースを紹介します。

多摩川河口干潟

この章に登場する生き物

トビハゼ

チゴガニ

ヤマトオサガニ

ヒヌマイトトンボ

セイタカシギ

コアジサシ

キイロホソゴミムシ

マテガイ

キス

コハダ

アナゴ

シャコ

エドハゼ
ミナミメダカ
アオギス
カツオ
イワシ
サンマ
マグロ
アジ
サバ
マハゼ

クロダイ
イシモチ
アイナメ
コチ
ホウボウ
カレイ
ボラ
トサカギンポ
シラウオ
ドジョウ

ウナギ
アカテガニ
ベンケイガニ
クロベンケイガニ
アシハラガニ
イソガニ
クルマエビ
シバエビ
ハサミシャコエビ
アサリ

ハマグリ
アオヤギ
シオフキ
カワザンショウガイ
イワムシ
ハヤブサ
オオタカ
ノスリ
ニホンアシカ

入門コース

再生された海辺に不可欠なものとは？

葛西臨海公園

人工的に作られた葛西海浜公園の西なぎさ

都区内にありながら、かつての干《ひ》潟《がた》を擬《ぎ》似《じ》体験できる場所があります。葛西臨海公園《かさいりんかいこうえん》とそれに隣接《りんせつ》する葛西海浜《かいひん》公園です。

ここは埋《う》め立て地に建設された、広さ約81haという最大規模《きぼ》の都立公園。水族館や大観覧車《だいかんらんしゃ》、ホテルがあり、水遊びや潮干《しおひ》狩《が》りも楽しめます。

公園のある旧江戸《きゅうえど》川《がわ》河口は、かつては都内でも指折りの面積をもつ「三枚洲《さんまいす》」と呼ばれる干潟が広がっていた地域《ちいき》。しかし高度経済《けいざい》成長期の１９７０年代に大々的《だいだいてき》な埋め立てが進みました。いまでは干潟の一部が沖合《おきあい》に残るのみで、倉庫や住宅《じゅうたく》、大型遊園地に姿を変えています。

公園で生き物が観察できるのは、東京の低地に見られた水辺が再現された鳥類園と呼ばれるゾーン。そして海浜公園に人工的に作られ

た干潟です。どちらも復元された自然ですが、現在では多くの生き物がすみつくようになりました。

東京湾の自然についても学べる水族園

まず実際に自然と接する前に、水族園を訪れてみましょう。ここにいるのは大きなマグロや珍《めずら》しい世界の魚ばかりではありません。「東京の海」と名付けられた一角では、現在では失われたり、ごくわずかしか残っていない東京湾の海辺の生き物について、学ぶことができます。

なかでも注目したいのはアマモの水槽《すいそう》。この植物は長く伸《の》びた葉が特徴《とくちょう》で、別名「リュウグウノオトヒメノモトユイノキリハズシ」とも呼ばれます。ワカメのような「海藻《かいそう》」ではなく、地上の草と同様に、花が咲《さ》いて種ができる「海草」です。

アマモの生えた環境は生き物にとって重要ですが、東京都内からほとんど姿を消しました。水族園では栽培《さいばい》に成功し、すみついているイカの子どもや魚の稚魚《ちぎょ》などとともに展示《てんじ》しています。

さらに見逃《みのが》せないのがトビハゼの水槽。干潟の環境が再現され、繁殖《はんしょく》にも成功しました。野外では見る機会が少ない生態をじっくり観察できるチャンスです。

出口の近くにあって見落としがちな、「水辺の自然エリア」も必見です。田んぼが再現され、ミナミメダカやドジョウが観察できる、野外展示室《てんじしつ》になっています。

１７０種が生息する野鳥のサンクチュアリ

水族園で予備知識を得たら、生き物の観察に向かいましょう。

葛西臨海公園の敷地《しきち》の３分の１を占《し》めるのは、流れや池、ヨシ原、草原、林などが再現された「鳥類園」。遊歩道や観察舎、ウォッチングセンターがあります。

バードウォッチャーのあいだでは、都内有数の探鳥地《たんちょうち》として知られ、これまで観察された鳥は約１７０種。なかでもセイタカシギは「水辺の貴婦人《きふじん》」と呼ばれるほどの人気者です。

冬にはシベリアからたくさんのカモが渡《わた》って来るので、獲物《えもの》をねらうハヤブサ、オオタカ、ノスリといった猛禽類《もうきんるい》の姿を見かけることも珍しくありません。ウォッチングセンターで、どんな鳥が見られるかを知っておくと初心者でも観察しやすいでしょう。

鳥の他にも注目したいのは、海水が流れこむ汽《き》水《すい》池。泥干《どろひ》潟《がた》が発達してヨシが茂《しげ》り、多くの生き物がすみついています。

夏の大潮《おおしお》の夜にはアカテガニやベンケイガニが水辺に集まって、腹に抱《かか》えた幼生《ようせい》を放します。野生のトビハゼの姿を見るチャンスがあるかもしれません。

セイタカシギ
繁殖地の多くは埋め立て地。

ここでは自然観察会や定例のガイドツアーも行われています。夏に開催《かいさい》されるカニやカエル、コウモリ、鳴く虫といった、夜の生き物の観察会もおすすめです。

30年以上かけて集まった生き物

次に訪れたいのは、葛西海浜公園の人工干潟。失われた自然の代《だい》替《たい》として作られたものです。レクリエーションの目的もかねた「西なぎさ」には山の砂が使われ、生き物の生息環境として立ち入りが制限される「東なぎさ」には海底から浚渫《しゅんせつ》した砂や泥が使われています。完成から30年以上たち、多くの生き物がすみつきました。

ここには、砂っぽい干潟、泥っぽい干潟、潮だまり、岩を積み重ねた堤防《ていぼう》、カキが積み重なったカキ礁《しょう》などの環境がコンパクトにまとまっています。それぞれで違った種類が観察できるわけです。

潮が引いた干潟には、多くのカニが観察できます。イワムシなどのゴカイの仲間も、フンのかたまりや飛び出した巣を目印に探《さが》してみましょう。砂を掘《ほ》ると見つかるのは、シオフキやマテガイといった貝類。こうしたエサを求めて、春や秋の渡りの時期には、たくさんのシギやチドリが飛来します。

潮だまりを泳ぐのは、エドハゼをはじめとするハゼの仲間や、たくさんのボラの幼魚。堤防にはフジツボの仲間がびっしりとつき、岩の間はイソガニの仲間の棲《す》み家《か》です。カキ礁では、貝がらの間で卵を守っているトサカギンポなどの魚が見られるかもしれません。砂浜は、近年数が少なくなったコアジサシの貴重《きちょう》な繁殖地です。

手入れが欠かせない「作られた自然」

干潟は、潮や川に運ばれてきた土砂《どしゃ》の堆積《たいせき》や波の浸食《しんしょく》などの自然の働きによって変化しつづける環境です。かつてのように広い面積があった時代には、生き物は変化に合わせて自分の好みの場所を見つけ、すみつくことができました。

しかし、葛西臨海公園の人工干潟では、荒川《あらかわ》や江戸川から流れてくる土砂がほとんどなくなっています。自然の働きによる干潟の「若返《わかがえ》り」ができない状態なのです。しかも面積が狭《せま》いので、生き物に都合の悪い変化が起きても、新たな棲み家を見つけて移動する余裕がありません。

このため、潮だまりを浚渫したり、たまった泥をかいだしたりなど、人間の手入れが必要です。ただし、こうした工事によって、生き物の種類や数が大きく変わってしまうこともあります。

レクリエーションの場もかねているため、多くの人が水遊びや潮干狩りに訪れ、生き物の生息環境が乱《みだ》されたり、採集され過ぎたりすることも心配されています。

葛西臨海公園・海浜公園の干潟は、一度失われた自然を取り戻《もど》すことが、いかに難《むずか》しいかを教えてくれる場でもあるのです。

葛西臨海公園

●東京都江戸川区臨海町6丁目
開演／常時（水族園は9：30～17：00　水曜日と年末年始定休。水曜日が祝日のときは翌日が休み）
海浜公園は9：00～17：00（4～8月は延長）
入園料／無料（水族園は一般700円）
☎ 03-5696-1331（サービスセンター）
最寄駅／JR京葉線葛西臨海公園駅から徒歩1分
鳥類園ウォッチングセンターには徒歩15分

解説

「江戸前」のふるさと

歌川国安「日本橋魚市繁栄図」（国立国会図書館蔵）
江戸前の海産物でにぎわう魚市場

「江戸前」という言葉は寿司屋《すしや》の店先などでよく見かけます。そのため、「江戸風《ふう》の握り寿司」の意味と思われているかもしれません。しかし実際には、この言葉が指すのは「江戸の前の海でとれた海産物」のこと。

現在のように沿岸《えんがん》に工場や倉庫が並《なら》び、高速道路が縦横《じゅうおう》に走る東京湾からは想像できませんが、1960年頃《ごろ》まではなんと年間に15万トンもの魚介類《ぎょかいるい》が水揚《みずあ》げされる豊かな漁場だったのです。

「江戸前」の範囲《はんい》は諸説《しょせつ》あるものの、千葉県の富津岬《ふっつみさき》から神奈川県三浦《みうら》半島の付け根にある観音崎《かんのんざき》を結んだ線の北側の内湾《ないわん》をさすのが一般的《いっぱんてき》。ここでとれた魚の多くは、日本橋にあった魚河岸《うおがし》に水揚げされ、食卓《しょくたく》にのぼりました。

クジラやアシカまでいた豊かな海

江戸前の魚は種類も豊富です。享保《きょうほう》8年（1723年）に、江戸に住む陸奥国黒石藩《くろいしはん》当主の津軽《つがる》采《うね》女《め》が書いた、日本最古の釣《つ》り専門《せんもん》の書物『何羨録《かせんろく》』。当時の江戸湾《えどわん》に生息していた魚の名前がたくさん出てきます。それによると、キス、クロダイ、イシモチ、ハゼ、アイナメ、コチ、ホウボウ、カレイ、アナゴといった、現在もおなじみの顔ぶれ。タコやイカ、シャコなども挙げられています。

1960年代には潮干狩りのできる干潟が身近にもあった。

さらにウミガメが現れ、時にはクジラが潮を吹《ふ》き、現在は地球上から絶滅したと考えられるニホンアシカまでいたのには驚《おどろ》きます。

幕府《ばくふ》に魚介類を献上《けんじょう》する代わりに、漁場の独占《どくせん》が許されていた「御菜《おさい》八ヶ浦」と呼ばれていた漁港が、現在でいう芝《しば》、芝浦《しばうら》、品川、大井《おおい》、羽田などにありました。

潮干狩りも盛《さか》んで、アサリやハマグリ、シオフキ、マテガイなどを掘りに出かけるのは、江戸っ子の手軽なレジャーでした。

さらに盛んだったのが海苔《のり》の養殖。浅い海に、細い枝や網《あみ》で作られた「海苔ひび」が一面に立てられていたようすが浮世絵《うきよえ》に残されています。

栄養が豊かな遠浅の海

なぜ東京湾はこれほど豊かな海だったのでしょうか。

ひとつ目の理由は、遠浅《とおあさ》だったこと。内湾ではもっとも深い場所でも約50m、平均の深さは15mほどしかありません。日光がよく届《とど》くので水温も高いうえに、潮がよく流れるため、海水が淀《よど》まずに交換《こうかん》されます。

もうひとつは、湾《わん》の奥《おく》に江戸川（旧利根川）、荒川（旧中川）、隅

楊州周延「江戸風俗十二ケ月の内　三月　潮干狩の図」
（国立国会図書館蔵）

田川（旧荒川）、多摩川《たまがわ》といった大きな川が流れこんでいたこと。上流からプランクトンが育つための栄養分がたくさん運ばれてくるからです。さらに淡水《たんすい》と海水が混ざった汽水域《きすいいき》を好む生き物にも棲み家を提供《ていきょう》しています。

さらに、これらの川の河口には、土砂や有機物が堆積《たいせき》して、干潟ができました。栄養分が豊かで、干《かん》潮《ちょう》のたびに酸素が供給《きょうきゅう》され、プランクトンが増えるには最適な環境。それをエサにするカニや貝、ゴカイといった底生生物も集まってきます。

海のゆりかごは巨大な浄水場

浅い海の砂地に茂ったアマモ場も、海の生態系《せいたいけい》にとって重要な役《やく》割《わり》を果たしていました。多くの生き物のエサや棲み家になるのはもちろん、産卵《さんらん》したり、外敵から身を隠《かく》したりする場所としても欠かせない「海のゆりかご」です。

海辺や干潟をふちどるように一面に生えているのは、塩分にも強いヨシ。満潮《まんちょう》になると水に浸《ひた》るような根元は、多くの生き物の生息地にもなっていました。

こうした環境は、人間にとっても重要です。底生生物やアマモ、ヨシは、海水の汚れの原因となる有機物を取りこんで栄養にします。かつての東京湾で、干潟やアマモ場によって浄化《じょうか》できた量は、窒素《ちっそ》で1日60トン、リンでは12トンに及《およ》ぶほど。

東京湾の海岸線の変化

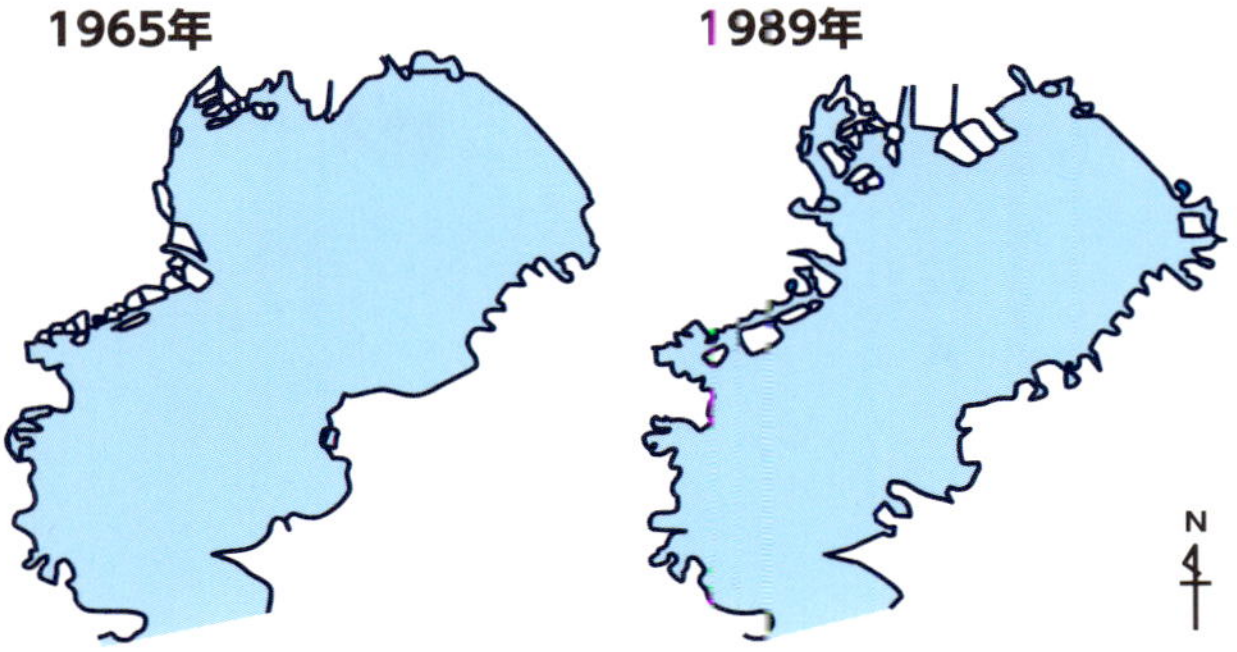

埋め立てでできた街、消えた生き物

ところが、こうした環境は埋め立てによって消えていきました。江戸時代にはすでに日比谷《ひびや》入江《いりえ》、佃島《つくだじま》、深川《ふかがわ》、越中島《えっちゅうじま》が埋め立てられた土地につくられました。

　それが本格的になったのは、明治から昭和にかけてです。京浜《けいひん》工業地帯の発展にともない、豊洲《とよす》や羽田の埋め立てが進みました。大森沖の土地は、戦争を反映《はんえい》して「勝島《かつしま》」と名づけられています。

　１９６０年代の高度経済成長期になると一気に加速します。平和島、大井、台場、新木場、夢の島といった現在の臨海部《りんかいぶ》が生まれました。この結果、東京の自然海岸の約90％が消失しています。

　埋め立てが自然に与《あた》えた影響ははかりしれません。漁獲量《ぎょかくりょう》は激減し、２０１０年代に入ってからは1万トン程度。一時期の約15分の1で、そのほとんどが汚染や環境悪化に強いアサリです。アオギスやハマグリは絶滅、海苔の養殖業者も軒並《のきな》み廃業《はいぎょう》しています。

　汚染のひどかった時代には、プランクトンの異常《いじょう》発生による「赤《あか》潮《しお》」や、それが死んだときに生じる酸欠の水「青潮《あおしお》」が発生。生き物はますます減少していきました。

　最近になってようやく水質が多少は改善《かいぜん》され、人工の砂浜や干潟も作られています。しかし自然の働きを復元するにはほど遠く、生き物に満ちあふれた環境とはとてもいえません。

　ふたたび江戸前と呼ばれるような豊かな海を取り戻すのは前途《ぜんと》多難《なん》ですが、まずはどんな生き物がすんでいるのかを知ることが第一歩になるでしょう。

コラム

江戸っ子が好んだキス

豊かな海が育んだ江戸のグルメ

江戸前《えどまえ》の豊かな海産物のおかげで生まれたのは、握《にぎ》り寿司《ずし》だけではありません。いまも人気の料理には、じつは江戸《えど》が発祥《はっしょう》だったり、ここで大きく発展《はってん》したりしたものがあるのです。

有名なのは「天ぷら」。九州をはじめとする西日本では、いまでも魚のすり身を小判形にして揚《あ》げたものを天ぷらと呼《よ》びます。これに対して江戸の天ぷらは、小麦粉を水でといた衣に魚介類《ぎょかいるい》や野菜をつけて揚げたもの。

もちろん江戸前の海で獲《と》れた素材が多く、アナゴ、シバエビ、イカなどの天ぷらは当時からありました。とくに人気だったのがキス。砂底の浅い海を好むためたくさん獲れたのと、白身であっさりしているので天ぷらに最適でした。さらに「御神君《ごしんくん》」と呼ばれるほど江戸っ子に慕《した》われた徳川家康《とくがわいえやす》が、キスを好んだからとの説もあります。

いまと違《ちが》うのは、必ず串《くし》に刺《さ》して揚げたこと。おもに屋台で売っていたので、はしや器を使わなくても、手を汚《よご》さずに気軽に食べられるからです。ちなみに、天つゆは大勢が使うひとつの器に入っていて、食べる前にだけつけました。1本で4文（現在の100円くらい）と庶民的《しょみんてき》

月岡芳年「風俗三十二相　むまそう　嘉永年間　女郎之風俗」（国立国会図書館蔵）
串に刺した天ぷらを食べる女性。描かれた形から見て、素材はキスらしい。

な価格ですから、まさに江戸のファストフードです。

同じく屋台が発祥である「おでん」は、もともと豆腐《とうふ》料理の田楽《でんがく》のこと。昆布《こんぶ》だしで煮《に》たものに味噌《みそ》をつけて食べていました。ところが江戸で「おでん」と呼ばれるのは、カツオ節のダシに濃口醤油《こいくちしょうゆ》を使い、豆腐、いも、こんにゃく、はんぺんなどを煮た料理です。関西では同じものを「関東煮《かんとだ》き」と呼び、「おでん」とは区別します。

チクワやはんぺん、つみれといった練り物は、魚の切り残しをすりつぶし蒸《む》して作るので資源《しげん》をむだにせず、さらに保存性《ほぞんせい》もよくなるので一石二鳥でした。

江戸の屋台から発展した料理といえば、ウナギもそのひとつ。蒲焼《かばやき》という名の由来は、長いウナギをぶつ切りにし、縦《たて》に串に刺して焼いた姿《すがた》が、植物のガマ（蒲《かま》）の穂《ほ》に似ているからといわれています。最初に屋台で売られたのはこの串焼《くしや》きで、味噌や塩をつけて食べていました。

これが元禄《げんろく》年間（1688～1704年）から、現在のような開いた姿に変わり、醤油やみりんを使った味つけになると、人気が大爆発《だいばくはつ》。屋台だけでなく店も構えるようになって、江戸っ子のもっとも好む料理のひとつにまでなっています。

もちろん、当時のウナギは養殖《ようしょく》ではありません。江戸には水路が多く、ニホンウナギがすむには最適な環境《かんきょう》。なかでも深川や蔵前《くらまえ》といった、海水の影響《えいきょう》がある川で獲れたものも「江戸前」と呼ばれて珍重《ちんちょう》されました。高まる需要《じゅよう》を支えるほど、たくさんの天然ウナギが生息できる環境が江戸にはあったのです。

「近世職人尽絵詞」第１軸（国立国会図書館蔵）
串に刺したおでんの屋台に集まる客

「近世職人尽絵詞」第３軸（国立国会図書館蔵）
江戸前かばやきの看板をかかげるうなぎ屋

一方、現在の日本では、川の汚染《おせん》と護岸工事が原因でウナギは激減《げきげん》。さらには養殖のために、川をのぼってくる稚魚《ちぎょ》のシラスウナギを絶滅《ぜつめつ》危惧種《ぐしゅ》になるほど乱獲《らんかく》しています。何年間かは食べるのを諦《あきら》めても、またウナギが生息できるようにするのが、本当に日本の伝統を大切にすることではないでしょうか。

天ぷらと握り寿司、そして蕎麦《そば》が、当時の人気屋台のベスト3。江戸の郷土《きょうど》料理は、いずれも庶民《しょみん》の味からスタートしたものばかりです。こうしたファストフードの屋台が多かったのには理由があります。

当時の江戸は大都市へ発展する真っ最中。工事や建設のために、地方から独身の職人や労働者が大勢やってきました。彼らが困《こま》ったのは毎回の食事です。忙《いそが》しい仕事の合間に、安く簡単《かんたん》に腹《はら》を満たせる屋台がありがたい存在《そんざい》だったのです。

「近世職人尽絵詞」第3軸（国立国会図書館蔵）
江戸は職人の街。彼らの空腹を満たすのは屋台がたより。

江戸料理の味つけが関西に比べて濃《こ》い目なのも、そのほうが仕事で疲《つか》れた体にはおいしく感じられたからでしょう。

料理についての事情は、結婚《けっこん》して家庭をもってもあまり変わりませんでした。庶民の住む長屋では台所がろくに整備されておらず、せいぜい朝に1日分のご飯が炊《た》ける程度。食事のたびに何種類ものおかずをつくる余裕《よゆう》はありません。

そこで活躍《かつやく》したのが、「振《ふ》り売り」とか「棒手振《ぼてふ》り」と呼ばれた、お惣《そう》菜《ざい》や食材を担《かつ》いで売り歩く商売。長い棒の両端《りょうたん》にカゴを下げた姿は、時《じ》代劇《だいげき》でもおなじみでしょう。

売られていたのは、魚、卵《たまご》、野菜、豆腐、油揚《あぶらあげ》、納豆《なっとう》、煮物《にもの》、漬物《つけもの》と多種多様。いろいろな振り売りが町内を大きな呼び声で歩き回っているので、好みのものが通りかかったときに買えば、あとはご飯と汁《しる》をつ

歌川広重「東海道五拾三次之内　日本橋・朝之景」
（国立国会図書館蔵）
振り売りは朝早くから町じゅうを売り歩いていた。

くるだけで済《す》みます。コンビニが歩いてきてくれるようなものです。

お惣菜として人気なのは、江戸前で獲れたアサリ。むき身にして売られることが多かったようです。

この時代には冷蔵庫《れいぞうこ》などなく保存がきかないので、切り干《ぼ》し大根やひじきと煮ました。醤油で味つけしてご飯に炊きこんだ「深川飯」も有名です。隅田川《すみだがわ》河口に浮《う》かぶ漁師の村・佃島《つくだじま》では、アサリを醤油とみりんで甘辛《あまから》く煮たものが「佃煮《つくだに》」と呼ばれる名物になっています。

江戸っ子といえば初物好きな江戸っ子が競って買ったという初ガツオが頭に浮かびますが、生の魚を食べることは稀《まれ》でした。

イワシやサンマは干物《ひもの》が多く、マグロは醤油味《しょうゆあじ》で焼いたり汁に入れたりしました。アジやコハダ（コノシロの幼魚《ようぎょ》）を酢《す》でしめ、サバを味噌《みそ》煮《に》にするのはいまと同じです。河口でよく獲れたマハゼは天ぷらにするほか、小ぶりのものを佃煮にしたり、干《ほ》してダシに使いました。

脂《あぶら》がのった魚はあまり好まれなかったらしく、いまでは高級品のマグロのトロが下等な食材とされていたようです。また、ウナギを焼く前に蒸すのは江戸特有の料理法ですが、これも余分な脂を落とすためといわれています。

江戸時代、庶民もグルメを楽しみました。季節の移り変わりを感じられる豊かな海が身近にあったからこそ、こうした郷土料理が生まれたのでしょう。

歌川広重「名所江戸百景　佃しま住吉の祭」（国立国会図書館蔵）
佃煮の生まれた佃島。家康が関西から漁師を移住させた。

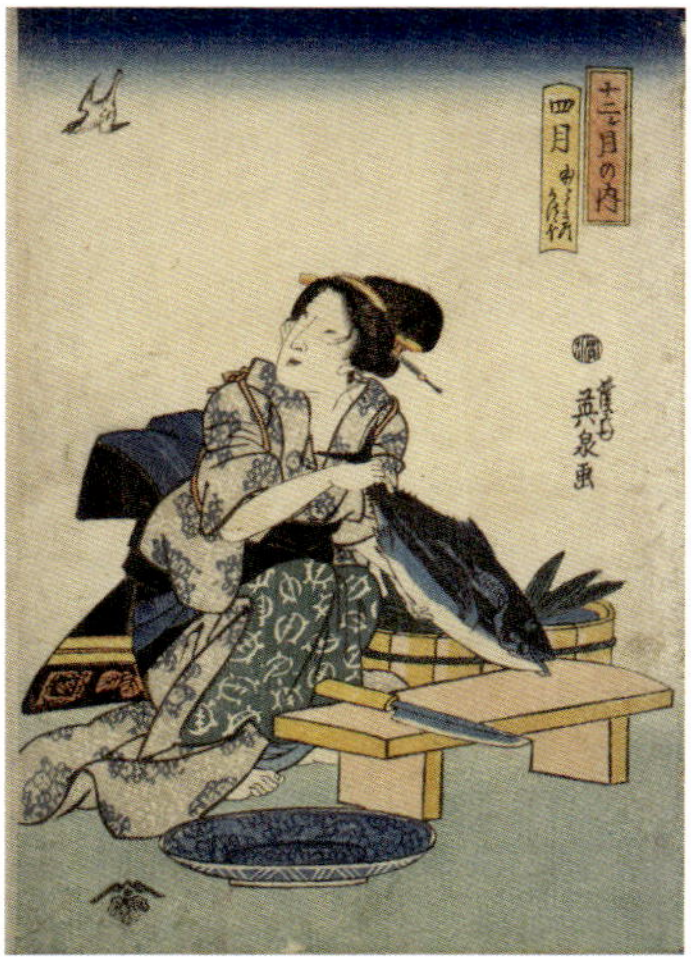

渓斎英泉「十二ケ月の内　四月　ほとゝきす・かつほ」（国立国会図書館蔵）
江戸っ子が熱狂した初ガツオだが、シーズン以外は高価ではなかった。

は緑地

メインコース

①流通センター駅
▼
②東京港野鳥公園
▼
③大森 海苔のふるさと館
▼
④多摩川河口干潟

メインコース

カニと野鳥が群れなす干潟にハマる

大井・羽田

東京港野鳥公園の干潟に集まる鳥

9割《わり》近くが埋め立てられてしまった東京の海岸線。しかし海のもつ生命力は、そう簡単に失われたわけではありません。都内にも人間との絆《きずな》が深い江戸前の生き物はしっかりと残っているし、自然自体の力によって再生をはじめた環境もあります。

とくに大田区大森から多摩川の河口にかけては、都内でも海との付き合いがもっとも深かった地域のひとつ。現在でも豊かな海の幸を水揚《みずあ》げしている、現役の漁師の町もあるほどです。

埋立地によみがえった湿地

最初の目的地は「東京港野鳥公園」。周辺には大きな倉庫が並び、何本もの高速道路が行き交い、飛行機の離発着《りはっちゃく》する羽田空港が目と鼻の先です。どこに生き物がいる

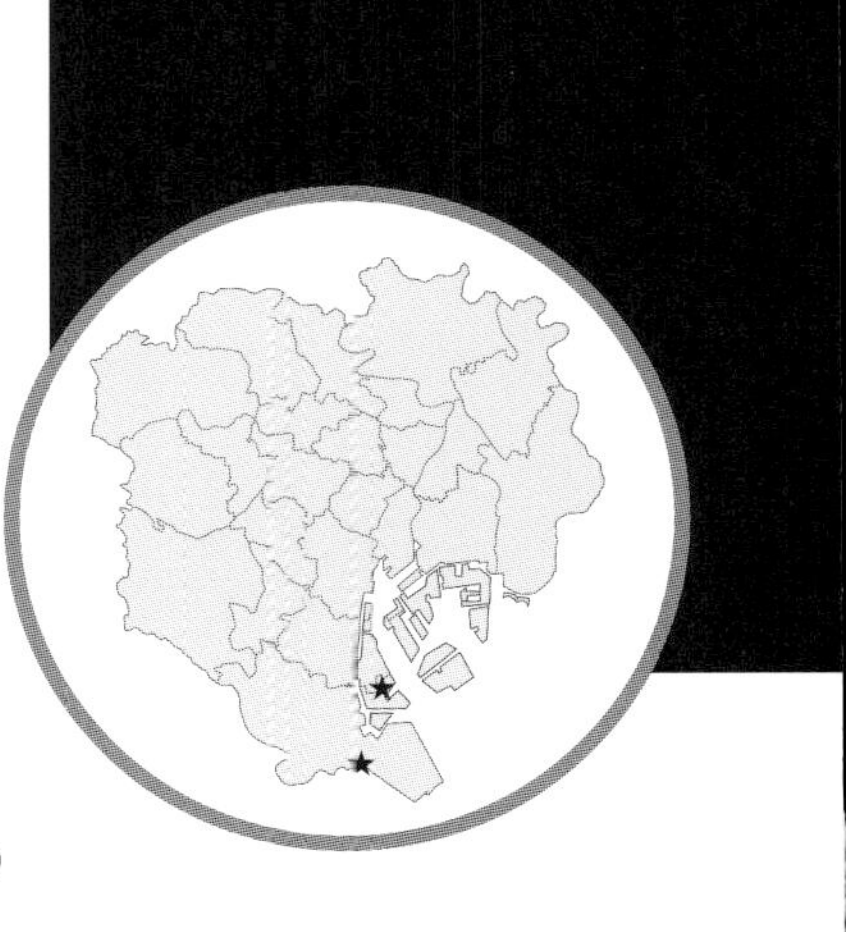

のか、疑問《ぎもん》に思うのは無理もありません。

ここは36haの面積をもつ都立公園。西と東の二つのエリアにわかれ、西には淡水の池、東には湿地や田畑、海水が出入りする「潮入《しおい》りの池」があります。

園内に遊歩道や観察小屋があり、望遠鏡や椅子《いす》もあるので、手ぶらで行っても大丈夫《だいじょうぶ》。ネイチャーセンターでは、双眼鏡《そうがんきょう》を無料で貸し出し、スタッフによる自然解説も聞けて、至《いた》れり尽《つ》くせりです。

ここははじめから公園として計画されたわけではありません。1960年代に造成された土地には、現在の公園に隣接している大田市場が建設される予定でした。

ところが着工までしばらく放置されていたあいだに、雨水がたまって池や湿地ができ、ヨシ原や草原が誕生《たんじょう》。そこに野鳥が集まるようになります。1970年代になると、都内でも有数の探鳥地として観察する人々が増加。やがて野鳥の棲《す》み家《か》や渡りの中継地《ちゅうけいち》として保護するべきという声があがりました。

この保護運動に押《お》されて、1978年には現在の西エリアの部分が公園となります。その後、東エリアを含《ふく》む24・9haが「東京港野鳥公園」として開園。2018年には干潟の部分が拡張《かくちょう》され、現在の面積になりました。

つまり人間による埋め立てで一度は失われた環境に、自らの力でよみがえってきた自然を、今度は人間が守ったことでできあがった公園なのです。

東京港野鳥公園

●東京都大田区東海3-1
開園／9:00-17:00（2月-10月）
9:00～16:30（11月-1月）
休園／月曜日（休日の場合は翌火曜日）・年末年始定休
入園料／高校生以上300円・中学生と65歳以上150円
☎ 03-3799-5031
最寄駅／東京モノレール流通センター駅から徒歩15分

東京湾で復活しつつある
トビハゼ
「がた潟ウォーク」からは
間近に干潟や生き物が観察できる
ヤマトオサガニは
潜望鏡のような眼が特徴

「野鳥公園」を名乗るだけあって、これまでに記録された鳥の種類は２３０種近く。約６３０種といわれる日本で見られた鳥の３分の１以上に及ぶ数ですから驚きです。

再びやってきた多くの生き物たち

ここで注目したいのは海辺の生き物。潮入りの池に面して建つネイチャーセンターの地下１階にある遊歩道「がた潟《がた》ウォーク」は、他に類を見ない観察のポイントなのです。干潟の上に橋が渡されているので、上からのぞきこめば、間近で生き物が見られます。

泥の上で目につくのは、ヤマトオサガニをはじめとする多くのカニ。近寄ると穴《あな》の中に急いでかくれてしまいますが、じっと動かずにいると、再びそろそろと現れます。周りのヨシ原には、ハサミシャコエビが盛《も》り上げた泥の小山も見つかるでしょう。

運が良ければ、トビハゼの姿が観察できるかもしれません。一度は埋め立てで絶滅したと考えられていましたが、１９９２年から姿が見られるようになりました。荒川や江戸川の河口に残っている生息地から泳いでやってきたと考えられています。

夏の繁殖期《はんしょくき》には遊歩道からも、オス同士が背《せ》びれを立ててジャンプしたり争ったりして、巣穴《すあな》にメスを誘《さそ》っているようすが観察されています。

江戸前の海苔を育んだ大森

東京港野鳥公園をあとに、流通センター駅からつぎの目的地へ。時間に余裕があるなら環七《かんなな》通りを直進し、平和の森公園にある「大森　海苔《のり》のふるさと館」を訪《たず》ねるのも面白いでしょう。

江戸前の海産物としても有名だった海苔。かつて大田区大森地域では、遠浅《とおあさ》の海を利用した海苔の養殖が盛んで、埋め立ての進む１９６０年代以前には、多くの住民が生業《なりわい》としていました。

館では、使われていた船や道具、かつての映像《えいぞう》、絶滅危惧種になってしまったアサクサノリの生体などを展示。浅い海を歩き回るための「海苔下駄《げた》」が体験できるコーナーなど、東京湾がどのように利

「江戸名所図会　浅草海苔」
(国立国会図書館蔵)

大森　海苔のふるさと館

●東京都大田区平和の森公園2-2
開園／9:00-17:00（6-8月は19:00）
入園料／無料
☎ 03-5471-0333
最寄駅／京浜急行平和島駅、東京モノレール流通センター駅から各徒歩15分

用されていたかを知ることができます。

定期的に体験教室も開かれ、冬から春にかけては、刻《きざ》んだ生《なま》海苔を広げて乾《ほし》海苔を作る「海苔つけ体験」が人気です（要申込み）。

羽田といえば飛行機よりアナゴ

つぎに訪ねるのは、多摩川河口《かこう》に沿《そ》った羽田の町。世界中の旅客機が発着する空港としてあまりにも有名な地名ですが、昔ながらの東京下町を感じさせる、低い家並《いえな》みがつづきます。参拝客《さんぱいきゃく》の多い「穴守稲荷《あなもりいなり》」や、漁師が年のはじめにとったシラウオを奉納《ほうのう》したという「白魚稲荷《しらうおいなり》」など、神社が多いのもこの地区の特徴。

空港近くを流れる海老取川《えびとりがわ》や、近代的な姿の大師橋の下流には、漁船の船だまりが見られます。ここが江戸からつづく羽田の漁師町で、いまでも江戸前の海産物が水揚げされているのです。

漁の対象は、江戸前料理の天ぷらや寿司には欠かせないアナゴ。昔は長い綱《つな》にいくつもの針《はり》をぶら下げた「はえ縄《なわ》」でとっていましたが、いまは塩化ビニール製の筒《つつ》を使った漁が主流です。前日から海に沈《しず》めておくと、夜行性のアナゴがエサにおびき寄せられて中に入るので、翌日に引き上げて捕《と》らえます。

江戸前のアナゴは市場で大人気

歌川広重「名所江戸百景　はねたのわたし辨天の杜」（国立国会図書館蔵）
多摩川河口は渡し舟や漁船が行き交った。

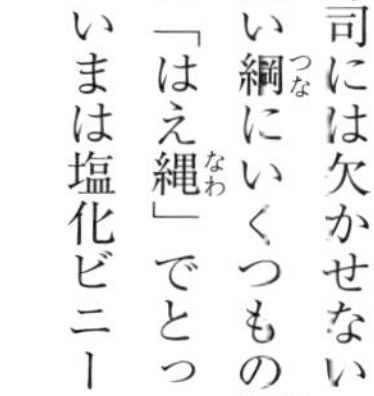

白魚稲荷
近くには水神やカモメをまつった神社もある。

干潟ではたくさんのチゴガニがハサミを振っている。

で、高い値段《ねだん》がつくとのこと。

干潟一面のカニの群れ

多摩川に沿った道にところどころ続く赤レンガの低い壁《かべ》は、多摩川の堤防の名残りです。たびたび起きた洪水《こうずい》を防ぐため、1918年（大正7年）に築かれました。

大師橋より上流に進むとヨシ原が見えてきます。ここが東京湾の河口にある干潟としては最大の、多摩川河口干潟。砂や泥が潮の満ち引きや川に運ばれて、堆積《たいせき》してできた環境で、対岸の神奈川県側にも広がっています。埋め立てなどで自然の干潟がほとんど消えてしまった都内では、たいへん貴重な存在です。

干潮時《かんちょうじ》に現れる広々とした泥の上には、見渡《みわた》す限りカニの群れ。その数は東京港野鳥公園とは比べ物になりません。甲長《こうちょう》3㎝ほどのヤマトオサガニは、触角《しょっかく》のように長い目を立てて、大きなハサミをゆっくりと動かしています。一方、もっと小型ですが、まるでダンスのように忙しく白いハサミを振っているのはチゴガニ。よく観察すると、ハサミを動かすタイミングを揃《そろ》えているのがわかります。

スコップで干潟を掘ってみましょう。カニの逃《に》げ込《こ》んだ穴は深いので、捕《つか》まえるのはなかなかたいへんですが、身をくねらせるゴカイの仲間はよく現れます。

こうした生き物たちは、渡り鳥の重要なエサ。春や秋の渡りのシーズンには、水際でさまざまな種類のシギやチドリが、カニやゴカイなどを盛んに食べているのが観察できるでしょう。

世界的な珍種もすむ干潟のヨシ原

ヨシ原にはアシハラガニやクロベンケイガニ、巻貝《まきがい》のカワザンショウガイなどが見られるでしょう。トビハゼもすみついていますが、最近はヨシが増えすぎて棲み家が減っているようです。

　ここには東京湾内《わんない》どころか、地球上でもごく限られた場所にしか見られない昆虫《こんちゅう》もすんでいます。まずはヒヌマイトトンボ。日本に2種しかいない汽水域に生息するトンボで、河口近くのヨシ原以外で見つかることはほとんどありません。都内の生息地は、多摩川、江戸川、荒川の河口部だけ。非常に細く小さいので、見つけるのはなかなか大変です。じっくり観察できたらラッキーでしょう。

　さらに珍しいのがキイロホソゴミムシ。都内ではこの多摩川河口にしか生息しておらず、一時は絶滅したと考えられたほどでした。流木やゴミの下などに潜《ひそ》んでいるので、観察するのは一苦労です。

　世界的な珍種といっても、どちらも地味な昆虫。たとえ見つけてもがっかりしてしまうかもしれません。

　しかし、美しかったり可愛かったりする生き物ばかりもてはやした結果、こうした生き物たちが関心をもたれず、絶滅に瀕《ひん》しているのではないでしょうか。

　一度はほとんど消えてしまった江戸の海辺も、わずかずつですが、よみがえってきました。再び失われることがないように、目立たない小さな生き物にも注目したいものです。

ヨシ原の根元には多くの生き物がすんでいる。

少しの注意で快適に！

干潟での生き物探し

　干潟《ひがた》では、たくさんの生き物を観察できます。しかし人間にとっては、必ずしも快適な環境とはいえません。水にぬれ、泥で汚れるのは覚《かく》悟《ご》したうえで出かけましょう。

　まず注意したいのは潮の満ち引き。満ち潮のときは、干潟は水没《すいぼつ》してしまうので観察できません。また、干潮時《かんちょうじ》に沖《おき》まで歩いていき、気づいたら潮が満ちはじめて、岸まで帰れなくなるという失敗もよくあります。干満潮の時間や高さは、季節や時間、地域によって変わるので、出かける前に新聞や釣り情報のサイト、アプリなどで確認しましょう。

　海辺は紫外線《しがいせん》が強いので、UV対《たい》策《さく》と帽子《ぼうし》は忘《わす》れないように。風も強いので、夏でもウインドブレーカーなどの準備がないと体が冷えます。長ズボンをはいて着替《きが》えも準備しておくのがベストです。

　はだし、ビーチサンダルは干潟に禁物。長靴《ながぐつ》もあまりおすすめできません。貝殻《かいがら》や漂着《ひょうちゃく》ゴミでケガをしやすく、うっかり深い泥にはまって脱《ぬ》げてしまったら、回収《かいしゅう》できないからです。靴《くつ》ひもでしっかり締《し》めることのできる履《は》き古したスニーカーや、くるぶしまであるビーチシューズが快適。替《か》えの履物《はきもの》も持ちましょう。

　手袋《てぶくろ》はケガを防ぐためにも必ずつけます。木綿の軍手より、指先と手の平がゴムでおおわれた園芸用の手袋のほうが、ものがつまみやすく、水切れも良いのでおすすめです。

　干潟の生き物を捕《つか》まえて観察するには、園芸用のスコップとザルが必《ひつ》需品《じゅひん》。泥ごとすくい水ですすぐと、隠れていた生き物が現れます。魚やエビを捕まえたい場合は、先が平らになったタモ網が便利です。

　捕まえた生き物は、虫採りに使うプラスチック水槽《すいそう》や、白いトレイなどに入れると観察しやすいでしょう。

　帰りは泥だらけになるので、公園の水飲み場などで、洗《あら》い流すことができるか、前もって確かめておくと、気持ちよく帰路につけます。

ミニ図鑑

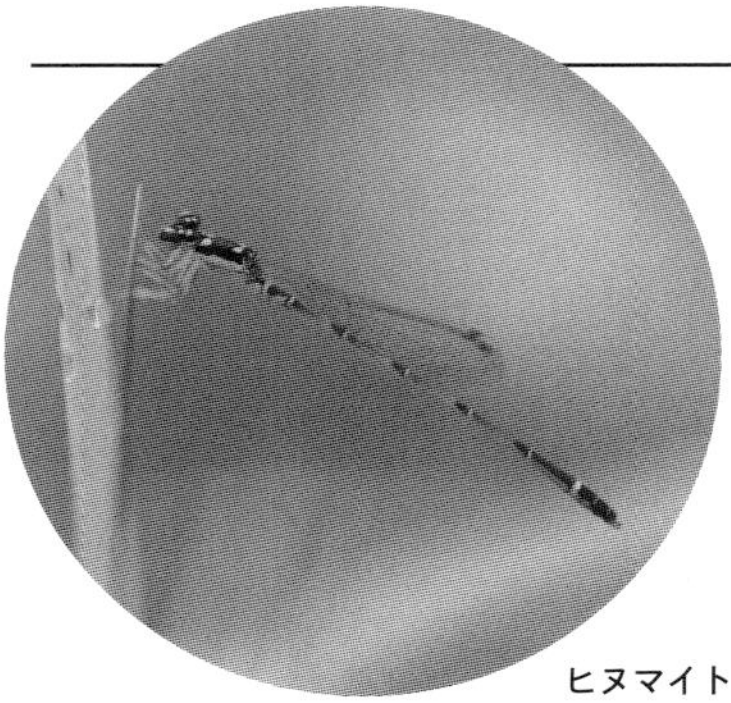

ヒヌマイトトンボ

江戸前の生き物

東京湾の干《ひ》潟《がた》は絶好の生息環境でしたが、埋め立てによってほとんど失われました。それでも、川の河口にわずかに残されたり、人工的に作られたりした干潟をよりどころにして、生きのびている種類がいます。

ヒヌマイトトンボ

Mortonagrion hirosei　イトトンボ科

体長28〜29㎜。1971年に茨城《いばらき》県涸《ひ》沼《ぬま》で発見。大きな川の河口などの汽《き》水域《すいいき》のヨシ原にすみ、草のあいだを弱々しく飛び回る。大都市近《きん》郊《こう》でも見られるが、河川改修や道路建設により生息環境が破壊され、全国的に減少。宮《みや》城《ぎ》県以南の本州の太平洋側と九州の限られた地点に分布。

キイロホソゴミムシ

Drypta fulveola　オサムシ科

体長8〜9.5㎜。東京都と神奈川、千葉県の数カ所だけにすむ、東京湾周辺固有種。河口や干潟のヨシ原のゴミや流木の下から見つかる。1881年に墨田《すみだ》区《く》本所《ほんじょ》の隅田《すみだ》川《がわ》岸で、英国人研究者に発見されて以来、都内では125年間も再確認《さいかくにん》されなかった。河川改修で生息環境が破壊されやすい。

チゴガニ

Ilyoplax pusilla　スナガニ科

甲長約10㎜。河口などの干潟に集

団で生息。満潮時《まんちょうじ》には掘《ほ》った穴《あな》に隠《かく》れ、潮《しお》が引くと現れて、泥《どろ》のなかの有機物を食べる。食べかすの泥は団子にして、巣穴《すあな》の周りに放射状《ほうしゃじょう》に並べる。仙台湾《せんだいわん》以南《いなん》の本州太平洋岸と、四国・九州・琉球《りゅうきゅう》に分布。

アシハラガニ

Helice tridens　モクズガニ科

甲長約30㎜。干潟にいるカニとしては大型。名前の通り河口干潟のヨシ原や水路に生息し、群れになっていることが多い。雑食性で、小型のカニから生き物の死体、泥の中の微生物、植物まで食べる。本州より南に分布。

マテガイ

Solen strictus　マテガイ科

殻長10㎝。細長い殻だが、れっきとした二枚貝。砂干潟の海水にひたる時間の長い場所に、縦に巣穴をほってひそむ。穴に塩をかけて飛び出してきたものを採って食用にもする。東北地方以南に分布。

トビハゼ

Periophthalmus modestus　ハゼ科

体長8～10㎝。汽水域にある泥干潟にすむ。目が突《つ》き出し、カエルのような顔。胸《むな》びれを使って泥の上をはうように移動し、水上を連続してジャンプする。満潮時には岸辺に集まる。エサは小さなヨコエビやゴカイなど。夏に巣穴を掘って繁殖する。東京湾以南から沖縄《おきなわ》本島まで分布。

セイタカシギ

Himantopus himantopus　セイタカシギ科

体長37cm。東南アジアとユーラシア大陸を行き来する旅鳥として日本各地に渡来《とらい》し、東京湾では繁殖もしている。河口、干潟、湿地《しっち》で見られ、長いくちばしを泥にさしこんでカニやゴカイを食べる。1970年代後半から、日本でもよく見られるようになった。オス成鳥の頭は黒。

コアジサシ

Sterna albifrons　カモメ科

体長28cm。川原や中州、砂浜、埋め立て地の地面に産卵して繁殖。水上高くで空中停止からダイビングして魚を捕らえる様子にちなみ、「鯵刺《あじさし》」の名がついたといわれる。川原の護岸工事やグラウンド化、水辺のレジャー人口の増加、野ネコによる食害などで全国的に減少。夏鳥として東南アジア方面から、本州〜琉球に渡来。

コラム

コハダ

江戸前寿司の生物多様性

握り寿司《ずし》は江戸が生んだ郷土料理。文政《ぶんせい》年間（1820年頃）にはじめて立ち食いの屋台として登場し、全国に広まったのは明治時代以《い》降《こう》です。江戸前の豊かな魚介類《ぎょかいるい》を味わえるうえ、その場で調理してすぐ食べられる手軽さが、せっかちな江戸っ子に歓迎《かんげい》されたのでしょう。

寿司とはもともと、ご飯と塩漬《しおづ》けの魚を一緒《いっしょ》にしておくと酸《す》っぱく発《はっ》酵《こう》するのを利用した食品。握り寿司は、発酵させる代わりに酢《す》を使ってスピードアップをはかっています。

とはいえ現在のように、刺身《さしみ》を乗せるわけにはいきません。当時は鮮《せん》度《ど》を保つ方法がないので、食中毒の危《き》険《けん》があったからです。そこで考え出されたのが、素材（ネタ）ごとに工夫された多彩《たさい》な調理法でした。

どんな海産物が江戸前のどこでとれ、どのように調理されたのか、簡単に紹介《しょうかい》していきましょう。

「絵本江戸爵」（国立国会図書館蔵）
寿司は屋台の人気ファストフフード。
一つ四文（100円）くらいで食べることができた。

江戸の寿司ネタとしてまずあげられるのは、青魚を使った「光り物」。なかでもコハダ（コノシロの幼魚）を酢でしめたものが好まれました。とくにシンコと呼ばれる5㎝ほどの子魚は、調理をするのが難《むずか》しく、いまでも珍重されています。

この魚は内湾《ないわん》の沿岸《えんがん》近くに多く、産卵《さんらん》するのは河口の汽水域《きすいいき》。さまざまな川が流れ込む江《え》戸《ど》湾《わん》は絶好の生息環境でした。

歌川広重「東都三十六景　佃しま漁舟」（国立国会図書館蔵）
佃島の漁師がとったシラウオは将軍にも献上された。

同じく汽水域でとれたのはシラウオ。半透明《はんとうめい》の美しい魚で、春になると産卵のために河口にやってきます。かつて隅田川ではかがり火を焚《た》いて、シラウオが集まってきたところを大きな網《あみ》で捕《と》らえました。

この光景は「月もおぼろに白魚のかがりも霞《かす》む春の空…」という歌舞《かぶ》伎《き》のセリフや浮世絵《うきよえ》になるほどで、春の訪《おとず》れを告げる風物詩《ふうぶつし》でした。

シラウオを寿司に使う際には、いまのように生のものを軍艦巻《ぐんかんま》きにはせず、塩をして薄《うす》めたみりんと砂糖《さとう》で煮たもの5〜6匹《びき》を揃《そろ》えて酢飯と握り、細いかんぴょうで巻いたといわれます。

アナゴ。せまい穴やつつなどに潜り込む習性がある。

この2種類と並《なら》んで、古くから人気の寿司ネタはアナゴ。こちらは砂泥質の浅い海を好み、夜行性で昼間は底に潜《もぐ》って暮《く》らします。漁場として有名だったのは大森や羽田（いずれも大田区）の沖《おき》で、現在もアナゴ専門《せんもん》の漁師がいます。

甘《あま》く煮て「ツメ」と呼ばれるタレを塗《ぬ》るのは、いまも昔も同じです。

砂が多い浅い海には、エビやカニをはじめとする甲殻類《こうかくるい》が豊富です。なかでもクルマエビは、茹《ゆ》でると赤くなる姿が美しく、寿司に彩《いろど》りを添《そ》えるには欠かせません。

生息環境が適していたためか、江戸前のクルマエビの味は群を抜《ぬ》くと伝えられ、大森や横浜《よこはま》の神奈川、本《ほん》牧《もく》といった漁港に水揚《みずあ》げされるものが有名。ほとんどが養殖したものになった現在でも、横須賀沖《よこすかおき》などでわずかにとれる天然物は貴重《きちょう》です。

寿司にする際は、茹でて開いたものにさっと塩をし、冷たい甘酢《あまず》にくぐらせたものを握りました。海老《えび》そぼろに加工して使われたことも。

よく似た環境にすんでいるシャコも、江戸っ子が好んだネタ。こちらは茹でると紫色《むらさきいろ》になります。初夏にはメスが卵をもっているので喜ばれますが、身がおいしいのは晩秋《ばんしゅう》。全国的にとれますが、現在でも神奈川県の小柴《こしば》漁港に水揚げされるものが最高峰《さいこうほう》とされます。

クルマエビ。「さいまき海老」とも呼ばれる。

シャコ。強力なハサミで貝のからを割って食べる。

しかし東京湾《とうきょうわん》では、1960年代からの埋《う》め立てによって生息環境が破壊《はかい》され、クルマエビもシャコも激減。値段《ねだん》も高くなって、庶民はなかなか食べられません。

江戸前寿司のもう一つの特徴《とくちょう》は、貝が多かったこと。とくにハマグリは5年くらい成長した大型のものが、握るのには適していました。ネタの調理法は、むき身のハマグリをさっと茹でてザルにあげ、その煮汁《にじる》に醤油とみりんを加えて煮《に》詰《つ》めたものにふたたび漬《つ》けておく「煮ハマ」。

「アオヤギ」と呼ばれることが多いバカガイは、「馬鹿《ばか》にたくさんとれたこと」、「とられても舌（実際は

アオヤギ。大昔はあまり食用にされなかったらしい。

足）をだらしなく出している姿」などに由来した名前といわれます。オレンジ色の鮮《あざ》やかな足は、甘みも風味も豊かなので人気の寿司ネタ。さっと塩茹でして使いました。小さな貝柱は「小柱《こばしら》」と呼ばれ、天ぷらの素材としていまでも食されます。

貝類は、江戸川や中川の河口に近い砂泥質の干《ひ》潟《がた》が発達した深川（江《こう》東《とう》区）や上総《かずさ》（千葉県）が名産地でした。

ところで、いまでは握り寿司で人気一、二を争うマグロはなかったのでしょうか？　実は赤身の魚は鮮度が落ちやすく、生の刺身で出すのが難しいネタでした。そこで考案されたのが、切り身を濃い醤油に漬ける「づけ」という調理法。

ただし、脂が多くてさらに傷《いた》みやすいトロが食べられるようになったのは、輸送が早くなり冷蔵庫が登場した、ずっとあとの時代です。

いま人気のサーモン（サケ）は、とれる産地が東北地方で輸送に時間がかかるため、江戸にやってくるのは塩鮭《しおざけ》の状態。さらに天然のサケには寄生虫がいるため、当時は刺身として食べる風習はありません。それが可能になったのは、寄生虫の心配がない養殖されたサーモンが輸入されるようになった近年のことです。

本当の意味での江戸前の寿司が、かつてのように手軽に食べられるには、東京湾の環境がもっと改善される必要があるでしょう。

「日本山海名産図会　鮪冬網」（国立国会図書館蔵）
マグロは外洋性で捕えにくかった。

主要参考文献一覧

『江戸庶民の食風景　江戸の台所』人文社編集部ほか編、2006年、人文社
『大江戸花鳥風月名所めぐり』松田道生、2003年、平凡社新書
『外来種ハンドブック』日本生態学会編、2002年、地人書館
『現代日本生物誌　カラスとネズミ・マツとシイ・メダカとヨシ』川内博ほか、2000〜2003年、岩波書店
『皇居・吹上御苑の生き物』国立科学博物館皇居調査グループ編、2001年、世界文化社
『自然観察のガイド』久居宣夫、1987年、朝倉書店
『植生景観史入門』原田洋ほか、2012年、東海大学出版会
『新版　東京都の蝶』西多摩昆虫同好会編、2012年、けやき出版
『歴史REAL図解　大江戸八百八町』洋泉社編、2016年、洋泉社
『絶滅危惧の昆虫事典・野鳥事典・動物事典』川上洋一、2006〜2008年、東京堂出版
『東京 消える生き物 増える生き物』川上洋一、2011年、メディアファクトリー新書
『東京都の保護上重要な野生生物種（本土部）2010年版』東京都環境局編、2010年、東京都環境局
『東京都の歴史散歩　山手・下町』東京都歴史教育研究会編、2005年、山川出版社
『東京の自然史』貝塚爽平、2011年、講談社学術文庫
『東京の生物誌』小原秀雄ほか編、1982年、紀伊国屋書店
『東京の鷹匠　鷹狩りの歴史とともに』橋口尚武、1993年、けやきブックレット
『地図と愉しむ東京歴史散歩』竹内正浩、2013年、中公新書
『なぜ地球の生きものを守るのか』日本生態学会編、2010年、文一総合出版
『日曜日の自然観察入門』川上洋一、2013年、東京堂出版
『日本列島100万年史』山崎晴雄ほか、2017年、講談社ブルーバックス
『庭のイモムシケムシ・道ばたのイモムシケムシ』みんなで作る日本産蛾類図鑑編、2011〜2012年、東京堂出版
『干潟ウォッチング　フィールドガイド』市川市ほか編、2007年、誠文堂新光社
『水と緑のひろば　東京の自然図鑑合本』東京都公園協会編、2009年、（財）東京都公園協会
『明治大正凸凹地図　東京散歩』内田宗治、2015年、実業之日本社
『もち歩き　江戸東京散歩』人文社編集部編、2003年、人文社
『妖怪画談』水木しげる、1992年、岩波書店